纺织服装高等教育"十二五"部委级规划教材

服装色彩创意设计基础

赵 萌 编著

U0377499

东华大学出版社

内容简介

本书从介绍服装色彩创意设计的基础出发,将色彩的科学基础理论与现代审美要求有机结合。主要讲述了色彩三要素的关系、色彩对比的规律、色彩的心理作用、服装色彩的特性与配色原理等。以培养学生把握流行色彩的时代脉搏,确立服装色彩的流行意识为目的,讲述了服装色彩创意设计的基础方法与构思,启发创作灵感,鼓励学生养成融理性与感性为一体,追求技术美与艺术美高度统一的思维习惯,提高实际动手设计的实践能力,从而能够灵活运用色彩,更好的体现服装色彩创意设计的主题。

图书在版编目(CIP)数据

服装色彩创意设计基础/赵萌编著. —上海:东华
大学出版社,2013.9
 ISBN 978-7-5669-0358-7

 Ⅰ.①服⋯ Ⅱ.①赵⋯ Ⅲ.①服装色彩—高等学
校—教材 Ⅳ.①TS941.11

 中国版本图书馆CIP数据核字(2013)第215804号

责任编辑 杜亚玲
封面设计 潘志远

服装色彩创意设计基础

编   著:赵 萌

出   版:东华大学出版社(上海市延安西路1882号,200051)

本 社 网 址:http://www.dhupress.net

天猫旗舰店:http://dhdx.tmall.com

营 销 中 心:021-62193056 62373056 62379558

印   刷:深圳市彩之欣印刷有限公司

开   本:889mm×1194mm 1/16

印   张:5.75

字   数:200千字

版   次:2013年9月第1版

印   次:2018年8月第2次印刷

书   号:ISBN 978-7-5669-0358-7

定   价:35.00元

目 录

第一章　服装色彩概述

服装的美是人类表现生活的一种状态美，在形成服装状态的过程中，最能够创造艺术氛围、感受人们心灵的因素就是服装的色彩。服装色彩是服装感观的第一印象，它有极强的吸引力，因此，色彩是构成服装的重要因素之一。色彩靠视觉传递信息，这一色彩信息已广泛地深入到人类生活的各个领域。色彩在服饰中是最响亮的视觉语言，它常常以不同形式的组合配置影响着人们的情感，同时色彩也是创造服饰整体艺术氛围和审美感受的特殊语言，是充分体现着装者个性的重要手段。因此，色彩是表达情感的一门艺术，可以说色彩是整个服装的灵魂。

随着现代社会知识与信息传播、科学与艺术研究所呈现出的多彩态势及全新格局，使现代自然科学与社会科学相互渗透、相互结合，出现了许多综合学科、边缘学科和分支学科，服装色彩学就是这种学科变革趋势下的产物。它既是基础设计学、基础色彩学、服饰设计学的综合，也是色彩学的一个分支。

若想让色彩在服装上得到淋漓尽致地发挥，必须充分了解色彩的特性。优秀的设计师更擅长于在服装设计中，灵活运用色彩，使其与款式、材质巧妙结合，达到最佳视觉效果。

学习服装色彩设计，只有将色彩的科学基础理论和现代审美的要求有机地结合起来，才能培养学生养成融理性与感性为一体，追求技术美与艺术美高度统一的思维习惯以及实际动手设计的能力。归纳起来，学习服装色彩学有以下几点要求：

（1）明确与写实性绘画色彩的联系和不同，着重学习并掌握色彩三要素（色相、明度、纯度）之间的关系及对比调和规律。

（2）熟悉色彩的审美形式原则，熟练运用服装色彩配色的各种手法。

（3）能根据色彩的心理、感情作用，充分发挥想象能力，大胆进行创造。

（4）熟悉服装设计、面料、工艺的特点，使服装的实用功能与审美功能巧妙地结合。

（5）提高艺术素养，善于借鉴前人经验，吸收其他种类艺术的营养，启发创作灵感，以充分表现出服装色彩的情调。

（6）加强现代审美意识，把握流行色彩的时代脉搏，确立服装色彩的流行意识。

第一节　服装色彩设计的概念 ▶▶▶

一、概念特征

　　服装是穿于人体起保护、防静电和装饰作用的制品，最广义的衣物除了躯干与四肢的遮蔽物之外，还包含了手部（手套）、脚部（鞋子）与头部（帽子）的遮蔽物。服装色彩设计，是一种服装整体意识，是从广义上理解人的形象，是把服饰中诸多因素，如服装、服饰品等围绕着穿着对象所进行的综合的色彩设计。我们研究的服装色彩是在广义的服装概念的基础之上对装饰于人体物品的色彩的总称。包括服装、鞋、帽、袜子、手套、围巾、领带、提包、阳伞、发饰等的色彩。它具体涉及到如何确切地选用色彩，如何把它组合配套，如何从创造性、艺术性角度探索和开拓出新、奇、美的服饰色彩。

　　所谓整体意识的服装色彩设计，是指运用科学的方式、艺术的手段来创造人类生活、工作、环境中所需要的服饰色彩，研究的范围比较宽泛，因为服饰色彩可以由人与服饰、人与人、人与环境等关系组成社会及环境色彩。还要涉及到诸多的学科，比如视觉生理学、视觉心理学、色彩学、光学、材料学、市场学、民俗学，甚至还涉及服饰销售、消费心理学、服饰宣传、服饰展示、服饰表演等信息传播学等学科的研究。

　　因此，服装色彩是指以服装面料、服饰配件材料为载体所表现出的某种色彩形式。而服装色彩设计是指运用科学的方式、艺术的手段对服装色彩的内在因素与外在因素进行研究、统筹，以期达到整体服装色彩表现效果的过程（图1-1）。

二、服装色彩的具体内容

　　如果我们对服装色彩进行详细的划分，应该包括四个方面的内容，即躯干装色彩、内附件色彩、附件色彩、配饰件色彩。所谓躯干装色彩即上衣和下裳，它们决定着服饰色彩形象的大效果、主旋律，构成了服饰色彩的核心内容，也是狭义的服装色彩概念；内附件色彩是服装色彩构成中的必要因素，诸如内衣、领带、袜子、鞋子、帽子、手套等；附件色彩与躯干的关系比较松散和间接，是色彩强化因素，诸如提包、伞具、扇子、墨镜等等；配饰件色彩以外加的方式实现着色彩美化的目的，没有明确的实用功能，如果有也是次要

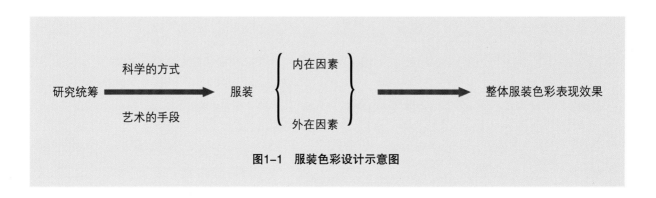

图1-1　服装色彩设计示意图

的，主要包括首饰、发型、纹身、化妆等。

三、服装色彩设计研究的范围

服装色彩设计研究的范围十分广泛，主要包括服装色彩的科学因素、服装色彩的社会因素、服装色彩的个性因素、服装色彩的服饰因素、服装色彩的环境因素等。其中，服装色彩的科学因素是指色彩与物理学、生理学、心理学、美学等之间的联系；服装色彩的社会因素是指服装作为一面镜子，折射出社会制度、民族传统、风俗习惯、文化艺术、生活方式等各方面的特色；服装色彩的个性因素又涉及到色彩与着装者的性别、年龄、体型、职业、性格等之间的关系；服装色彩的服饰因素包括色彩与款式、面料、图案之间的联系；服装色彩的环境因素是指色彩与生活区域、使用场所、国际流行之间的关系。服装色彩设计研究的范围是系统的、综合的。学习时应拓宽知识面，有助于服装色彩的完美、深入表达。

第二节　服装色彩的实用性特征　▶▶▶

一、服装色彩设计的TPWO原则

服装是以人体为基础进行造型的，通常被人称为是"人的第二层皮肤"。服装色彩设计要依赖人体穿着和展示才能完成，同时设计还要受到人自身特点的限制，因此服装色彩设计的起点应该是人，终点仍然是人，人是服装色彩设计紧紧围绕的核心。服装色彩设计在满足实用功能的基础上应密切结合人的特征，利用外型设计和内在表现的设计强调人体优美造型，扬长避短，充分体现人体美，展示服装与人体完美结合的整体魅力。不同地区、不同年龄、不同性别人的要求不尽相同，服装在人体运动状态和静止状态中的形态也有所区别，因此只有深入地观察、分析、了解人的特征以及人体在运动中的特征，才能利用各种艺术和技术手段使服装色彩艺术得到充分的发挥。

服装所具有的实用功能与审美功能要求设计者首先要明确设计的目的，要根据穿着的对象、环境、场合、时间等基本条件去进行创造性的设想，寻求人、环境、服装的高度和谐。这就是我们通常说的服装色彩设计必须考虑的前提条件。

TPWO四个字母分别代表Time（时间），Place（场合、环境），Who（主体、着装者），Object（目的）。

（1）T（Time）时间

简单地说，不同的气候条件对服装色彩的设计提出不同的要求，服装色彩的冷暖、明暗、饱和程度甚至艺术气氛的塑造都要受到时间的影响和限制。

一年四季，冬暖夏凉。服装，就它的实用性而言，其主要特征就是伴随着季节的更替而不断出现、不断变化。服装色彩中提到的"时间"概念多指季节性，根据季节的不同要求进行设计，对地处温带的国家和地区来讲，这个前提尤其明确。一般而言，浅淡的色彩、高明度的色调，明快而柔和的色感，如粉红、粉绿、粉蓝、浅黄、浅黄绿、浅紫等，都适合春季服装。在闷热的夏日，具有清凉感的冷色调或饱和度高、明朗、活泼的色调，都是适合夏天的色彩。特别是白色的反射率高，较不吸热，所以夏季服饰以白色为多。秋季气候较凉，服装色彩也自然由高明度、高纯（彩）度转为中低明度的中间色调，如土黄、灰绿、褐色、深紫等构成秋装的特色，也是服装色彩与季节色最相衬的时候。冬季的寒冷与渴望阳光的温暖，使得服饰色彩走向低明度的暗色调以求吸收更多的光与热。在色相方面暖色系的红、橙、黄等色居多；无彩色的黑、深灰与彩度高的红、蓝搭配，在冬季也颇受欢迎。

服装可以说是流行与时尚的代名词。流行色本身就具有时间性的特征，流行色是按春夏、秋冬的不同季节来发布的，它发生于极短的时间内。服装色彩设计应具有超前的意识，把握流行的趋势，引导人们的消费倾向。在诸多产品的设计中，服装的变化周期是最短的，它关注流行、体现流行的程度也是最高的。在流行色的宣传活动中，通过服装展示来表达流行是重要的内容之一。

（2）P（Place）场合、环境

人在生活中经常处于不同的环境和场合，均需要有相应的服装来适合不同的环境。服装色彩设计要考虑到不同场所中人们着装的需求与爱好以及一定场合中礼仪和习俗的要求。一件晚礼服与一套正装的色彩设计是迥然不同的，晚礼服适合于华丽的交际场所，它符合这种环境的礼仪要求，而出现在正式会议场合，它的色彩设计必然是严肃、沉稳的。一项优秀的服装色彩设计必然是服装与环境的完美结合，服装充分利用环境因素，在背景的衬托下更具魅力。

（3）W（who）主体、着装者

人是服装色彩设计的中心，自然事物中发展到最高阶段的美是人体的美，它的完整性最强、个体性最为显著。在进行设计前我们要对人的各种因素进行分析、归类，才能使设计具有针对性和定位性。服装色彩设计应对不同地区、不同性别、不同年龄层的人体形态特征进行分析，不同的文化背影、教育程度、个性与修养、艺术品味以及经济能力等因素都影响到个体对服装的选择，服装色彩设计也应针对个体的特征确

定设计的方案。

（4）O（object）目的

人穿着服装进行什么活动？去做什么？是休闲运动、还是参加会议、亦或是参加派对，这些都对服装色彩设计提出了要求。

二、实用机能配色

服装上以实用目的为主的色彩处理方法，称为实用机能配色。一般包括防护机能、警示机能、掩避机能、卫生机能、抗污机能、生理调节机能、视错修饰机能。

防护机能，工地建筑工人的安全帽，环卫工人的背心，海员的海上作业服、小学生佩戴的小黄帽、救生衣（图1-2）等多采用明亮的橙色或黄色，以增加人的注目性。

掩避机能，要求利用服装色彩尽可能的降低着装者的易见度，以隐蔽自己、蒙骗敌人，所以，这种配色也称为保护色。从各国军服颜色看，除了美观庄重外，更重要的是在军事上有着特殊的功能。比如陆军的服色，多为接近于草地和土地的绿色，以及多色迷彩伪装服（图1-3），其目

图1-2　防护机能服装色彩

的可使军服色彩更接近于大自然的环境色，在作战中更容易迷惑敌人，从而起到有效地隐蔽自己、保护自己的作用。其他像空军的蓝色、海军的白色，其用色目的也都在于此。

卫生机能，为满足精密制造、医疗、制药、食品加工等行业的工作对清洁卫生的要求。宜采用有清爽、洁净感的颜色。如白色及淡青色，给人以观感上的清洁感。例如医护人员的隔离衣一般都是白色或极其浅的淡色彩，它干净、卫生，易发现身上的脏污，给人一种可靠、信任的感觉。

抗污机能，在采矿、建筑、机械加工等工作环境中对衣服的污染严重，需要工作服耐脏污，以便保持相对的清洁感。配色重点要以主要污染物的颜色而定，通常采用同污染物的弱对比配色，以弱化色彩的差别。例如煤矿工作服宜用中低明度的灰色等（图1-4）。

生理调节机能，人类在视觉生理上需要色彩的平衡，看红色久了需要蓝绿色的调节，看暗色久了会需要亮色的调节，如果这种补充的色彩不存在的话，视觉中也会产生这类色的幻象，这是人们生活中常遇到的现象，被称为生理补色现象。例如在医疗行业为平衡血红色所可能带来的视觉疲劳，保证医护人员的视觉舒适、判断准确，将其服装以及部分操作用具由以往的白色而调整为灰绿色、蓝绿色、蓝色（图1-5）。我们也可以利用色彩对人心理的影响作用，选择使用适当的颜色创造某种色彩气氛，使人产生相应的心理反映以达到调节情绪的目的。如体育竞赛中，运动员们的色彩鲜艳、富有动感的服装色彩既能激发自己的情绪，也能感染观众。

视错修饰功能。人类对色彩的印象常常与客观存在有出入，比如，暗色与亮色相邻，暗的显得更暗，亮的显得更亮；深色的衣服可以使人看起来比实际要瘦些；肤色发黄的人穿紫色的衣服会使脸色更黄、有病态感等，这种视觉现象我们称之为色彩视错。视错是由人的视觉生理特征决定的。一般较高瘦的人，可借暖色系膨胀的色彩感觉来调整高瘦之感，修饰过瘦的身材。横条纹的图案或花色多的色调，以及明亮、鲜艳的色彩都适合。较矮胖之人常以具有收缩的冷色系来修饰其肥胖之感，明度方面以暗色、深色的使用较恰当。直条纹及素色的服装色彩也可起到修正作用，使之看来有拉长感。

图1-3　掩避机能服装色彩

图1-4　煤矿工作服

图1-5　医护人员服装

第三节　服装色彩的独特性特征　▶▶▶

一、以人为本是服装色彩设计独特性的根本

　　自然事物中发展到最高阶段的美是人体的美，它完整性强、个体特征显著。而人又是一个社会的主体，所以，对于个体人的美来说，它不仅是自然美，同时也是社会美和精神美。服装所包含的全部意义就在于此：人——社会——精神。作为服装设计三大要素之一的色彩，其独特性首先就是它以人为直接客体进行设计。

　　人与动物、植物的不同点，明显地表现在人有鲜明的个体性上，这些个体的人不仅有着种类的普遍性，还有着人的个别性。这种普遍性和个别性，一方面表现在人的自然属性上，如性别、年龄、体型、人种等；另一方面则是人的社会属性，如职业、信仰、教育等。以此也就构成了服装色彩的规律性和多样性。

　　色彩，是一种无声的语言，常成为着装人欲求的直接反映，它比款式的线条、结构表现得更为明晰、也更生动，在人类社会中一直充当着重要角色。试想未穿衣的裸体人，是很难看出他们的特性来，只有穿上服装，才能表现出一个人的性格、身份以及文化层次。

二、服装面料的特定性

　　色彩在服装设计的诸多要素中可谓是第一性的，在观看或选择服装时，首先影响我们的往往是色彩。然而，服装中色彩的设计是不能凭空而论的，它需要与面料同时考虑。因为面料是服装色彩的"载体"，服装色彩只有通过具体的面料才能得以体现。

　　面料，包括表面肌理、材质性能等，对服装色彩的美起着决定性的作用。服装色彩与面料质

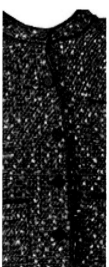

图1-6　红色在不同面料中的表现

图1-7 黑色在不同面料中的表现

感紧密相连，同一个颜色，不同的面料所表达的感情是完全不同的。比如红色，在平纹布上有朴实感、廉价感；在丝绒绸缎上有雅致感、高贵感；在皮革上有冷峻感、力度感（图1-6）。黑色也是同样（图1-7）。设计时若只公式化地搬用色彩性格，无视面料质感所给予色彩的不同程度的变化，那么服装色彩效果就很难达到预期目的。尽管这种变化有时很微妙，但正是这种微妙，给服装色彩的组合带来了无限的含义，使服装色彩在这种微妙变化中发挥其独有的特性。

对服装而言，形和色固然都是很重要的因素，但是服装的构成最终是要通过材料来完成，好的色泽也是通过具体的面料质感来体现。一个成功的设计，材料的选择占有50%的功效，也就是说，设计水平的高低往往也取决于设计者对材料的理解程度和驾驭能力。"犹如音乐家须得掌握乐器的表现力和局限性，除了熟练地运用音乐语言之外，还要通过有特色的配器手段，才能将乐思完善地音化"。

服装材质的构成可分为天然纤维和化学纤维两大类，天然纤维有棉、毛、麻、丝等，化学纤维，包括再生纤维和合成纤维，有涤纶、腈纶、锦纶、维纶等。这些年还出现了许多混纺织物，如毛涤、涤棉等。此外，服装面料还有皮毛、皮革、塑料、金属、纸等。这些不同的材料一方面具有造型上的不同性质，即造型风格。如呢子的线条挺括而温厚，丝绸的线条柔软而流畅，棉与麻的线条自然而松弛；另一方面由于组织结构的不同，使织物表面呈现出来的肌理感觉，包括视觉、触觉，也有所不同，即不同"质感"散发出不同织物表情。如绸缎的光泽感，粗花呢的凹凸感，纱绢的透明感等。不管是衣料造型上的性质，还是衣料表面所充满的感情，都是由"质感"造成的。因此，有必要将织物材料的质感特征和一些常用衣料的关系进行归纳，因为质感的差异直接关联着色彩的选用与协调。

1. 织物材料的不同质感

轻重感：沉重、坚硬、轻快、飘逸
厚薄感：厚重、笨拙、柔和、轻飘
软硬感：柔软、滑爽、硬挺、有力
疏密感：紧密、精细、稀疏、粗糙
起毛感：毛茸、光滑、温暖、质粗

光泽感：闪烁、雪亮、冷峻、灰暗

湿润感：湿润、滑润、干燥、干爽

凹凸感：粗犷、不平、平滑、平面

透明感：透亮、轻薄、浮飘、诱惑

冷暖感：亲切、温暖、冰冷、凉爽

蓬松感：体积、弹力、暖意、厚实

褶皱感：肌理、不平、膨胀、丰富

2. 概述

丝绸：双绉、留香绉、真丝电力纺、碧绉，质地柔软、轻薄、滑爽，色光柔和；山东绸、柞丝绸，质地坚挺、有弹性；双官绸、疙瘩绸、绵绸，绸面粗糙、风格粗犷。

绢纱：乔其纱、东风纱、雪纺薄绉纱、绢丝纺，质地轻薄、飘逸、透明。

缎子：软缎、绉缎，缎面平滑、明亮、有光泽，质地紧密坚韧；织锦缎、古香缎，图案优美活泼，色彩富丽，民族风格浓郁。

棉：细布、府绸，布面光滑、洁净匀整，质地柔软；泡泡纱，质地有凹凸状泡泡，凉爽、不贴身、不熨烫；巴厘纱、麻纱，质地轻薄、透明、透气；牛津布，布身柔软，色泽柔和；粗斜纹布、劳动布、帆布，质地偏粗、厚实、坚牢。

麻：夏布、苎麻布、亚麻细布，布面细净平整、手感爽挺，吸湿散湿散热，不黏身、透气、舒适。

毛呢：派力司、凡立丁、毛哔叽、毛华达呢、板司呢、法兰绒、女式呢、马裤呢，表面绒绒的。手感柔软、滑爽而有弹性，光泽自然，有含蓄、高雅的印象；麦尔登、拷花大衣呢、海军呢、粗花呢，质地松软、粗厚，有膨胀感，显得柔和、温暖、沉着。

裘皮：紫貂皮、水貂皮、狐狸皮、猸子皮，板质紧密而结实，毛足、绒厚，透气性和吸湿性良好，质地光滑柔软，色泽光润，穿着轻松舒适，保暖性强。

革皮：羊皮革，质地轻薄、柔韧、粒面细致，光泽较好，弹性较强；牛皮革，坚实而富有弹性，但柔软性不太好；猪皮革，粒面粗糙，但比牛皮软，弹性、耐磨性和透气性均良好。人造革、合成革，质地柔软，颜色鲜艳，防水性好，但缺乏透气透湿性。

绒：平绒，绒面丰满、柔润，光泽柔和，布身厚实，富有弹性，不易起皱；乔其绒、丝绒，绒面的绒毛丛密，色泽鲜艳、富丽华贵；灯心绒，织物正面有绒状凸起的条纹，线条圆润，绒毛厚实；长毛织、驼绒，绒面有较长而丰满挺立的绒毛，质地松软、厚实并富有弹性，色泽艳丽。

服装色彩与面料质地紧密相关。从色彩的浓淡上看，光滑的质地因光的反射率强，所以亮部与暗部的色彩浓淡感觉相差较大，不光滑的质地同漫反射物质，其浓淡感觉相差较小。从色彩的强弱上看（包括软硬感），粗犷的面料色彩风格可强烈些（硬些），精细的面料色彩可柔和些（软些）。从色的冷暖上看，凹凸感强的面料纤维粗、组织松，有扩张感，用暖色容易有粗糙、廉价的感觉。如用冷色或偏冷的色与之配合，效果会好得多。平面感的面料冷暖都适宜。华丽的色彩易与有光泽的、艳丽的丝绸、锦缎相协调。质地变化丰富的面料与表情素净的无彩色系相结合，更能发挥出材质的美。各种不同程度的灰，和那些带有不同颜色倾向的灰，更适合一些高档次的、细质地的精纺毛料。高纯度色用在针织面料上似乎增添了几分柔情，漂亮而充满朝气。高明度的粉彩色与纯棉软质地衣料结合，柔和而爽净，温馨而舒适。当然，色彩与面料质感之间的协调并没有什么绝对的关系，但有一点是可以肯定的，服装配色若只是公式般的套用色彩的基本性格，而忽略了由质感带来的感情变化时，将会遇到意想不到的失误。

3. 花纹面料与色彩

谈服装色彩与面料，就不得不谈花纹面料，因为服装面料的色彩美是由纱支、织物、质感、色彩、图案及后处理等因素综合而来的。面料上只要有花纹，就一定会出现色彩关系（花纹面料的质地一般都较单纯），花纹与色彩的差异表现着面料各自不同的性格，如大花朵的图案显得喜庆，小花小点显得雅静，条纹格子显得平淡、呆板等。即使一件衣服的款式设计得很活泼，但一块素雅的花纹面料也就很难使其活泼起来。

花纹面料中的图案一般分为具象、抽象、条纹格子三大类。不管哪一类，配色中总会有一个份量多的色，我们称它为"主色"。主色在一套服装中是用来调整或加强带有方向性意味的色彩感觉和气氛的，也是衣服上下、内外、配饰等相互搭配时所遵循的可取依据。另外，花纹面料往往还利用纹祥的大小、色彩的反转等交错着进行服色变化，使原本单调的面料在服装中显得丰富而饱满。

总而言之，服装色彩是通过具体的面料显现出来的，每一种质地的面料都会有那么几种恰如其分的色彩与之适应，即一种颜色并不是在所有的料子上都漂亮。由于色彩感情与面料质感之间的配合永无止境，所以，实际工作中以往积攒下来的经验和感觉就显得非常重要。当然，在考虑面料质感与色彩的关系时，还要加上设计目的性的考虑，比如是演出服、工作服，还是休闲服？想要轻盈的效果，还是华贵富丽、典雅大方？要多褶效果，还是线条简洁、清晰？只有综合了这些要求之后，才能确定使用哪种颜色、哪种质地的材料。

第四节　服装色彩的象征性特征　▶▶▶

服装是一种带有工艺性的生活必需品，而且在一定程度上，反映着国家、民族和时代的政治、经济、科学、文化、教育水平，是社会风尚面貌的重要标志之一，是历史发展的必然内涵。服装上所看到的色彩不只限于一般色彩的象征，也不是具体的指某一个单纯的色。这里的象征性是指色彩的使用，它将牵涉到与服装关联的民族、时代、人物、性格、地位等因素。所以，服装色彩的象征性包含有极其复杂的意义。

一、社会地位的象征

人类社会形态的发展，从原始社会、奴隶社会、封建社会，人类的思想发展，从自然崇拜、天地崇拜，到多神崇拜，进而宗教崇拜。封建社会中皇权与宗教势力相结合，使社会阶层等级森严，这一点无论中外，在服饰色彩中均有反映。我国历代大都以色彩为主区分不同官阶服装。以黄色为例，由隋朝开始，它总与帝王的服饰相关联，如《唐六典》中："隋文帝著拓黄袍，巾带听朝"。唐在隋后，并未大幅改变隋的衣冠制度。天子仍穿赤黄色的袍衫，直到唐太宗时才定下了百官服装的颜色——三品以上服紫色，四品、五品服绯色，六品服深绿色，七品服浅绿色，八品服深青色，九品服浅青色。到了宋朝，基本沿袭这个格局，直到清代也未有大变化。

欧美国家把黄色象征太阳与光；古希腊、古罗马把黄色象征吉祥；而叙利亚却把黄色象征死亡。欧洲的文化习俗将具有娇艳、高贵感觉的紫色用来做牧师服，以此显示高贵与神秘感。欧洲人结婚时新娘的婚礼服大多用白色，象征着爱情的纯洁；中国人结婚时传统新娘婚礼服却大量使用红色，象征着爱情的热烈、吉祥。同样是东亚地区，朝鲜族人大多喜欢穿白色的服装，回族人喜欢戴白色的帽子。非洲人服饰上喜欢用强烈的大面积原色色块配置，而在一些绿色稀少的沙漠地区的民族，服饰上喜欢用绿色，而且喜欢用植物条纹的花样。国际上一直采用绿色作为和平的象征。蓝色象征着清冷，干净、理智和尊严。红色在视觉上最容易吸引人，因此每逢佳节红灯高挂，呈现出欢闹气氛。

二、时代的象征

社会政治的变化与经济的发展程度直接影响到这个时期内人们的着装心理与方式，往往能够形成一个时代的着装特征。发达的经济和开放的政治使人们着意于服饰的精美华丽与多样化的风格。服装上的色彩有时也能象征一个国家和这个国家所处的时代。如16世纪的西班牙有很强大的无敌舰队，经济非常繁荣。体现在服装上，仿佛也在夸耀其富有，妇人穿着高贵的天鹅绒服装，但服装线条坚硬，身体曲线完全被忽视，以暗色调作其特征，这是西班牙人在宗教上的严格象征，也可以解释成，为了装饰富有的象征——宝石，故意选择暗色调服装。再如18世纪法国的贵妇人，服装上就明显地暴露了洛可可时代的那种优美的但繁琐的贵族趣味，色调是彩度低、明度高的中间色，如鹅黄、豆绿、粉红、月白、浅紫等，从服装上可以看到利用花边丝带、人造花的装饰，层层的裙摆等，以增加罗曼蒂克的气氛。在我国古代漫漫的历史长河中，唐朝曾在政治与经济上一度达到鼎盛状态，那一时期女性的服饰材质考究，装饰繁多，造型开放，体现出雍容华贵的着装风格。月白色、白色的斜襟上衣和黑色喇叭裙，黑色小立领男学生装，是五四运动时期的象征。蓝色、灰色、绿色的列宁装和中山装，是我国20世纪50年代的象征。

三、民族的象征

服装色彩所表现的民族性，与生息这个民族的自然环境、生存方式、传统习俗以及特有的民族个性等方面有关。色彩可谓是一个民族精神的标记。像法兰西和西班牙民族，他们那种热情奔放的活跃秉性与明朗色彩早已为世人所熟悉。北欧阴冷严酷的自然条件与持续甚久的宗教哲理精神，致使日耳曼民族用色冷峭苦涩。印度浓妆艳抹的热带色彩繁缛绮丽，同样以传奇的异国情调令人目眩心迷。"含蓄的深远，朦胧的韵味"是

古老的中华民族几千年传统审美的积淀。以红色和黑色为代表的民族色彩，无论是人类早期赤铁矿粉染过的装饰品，新石器时期的红黑两色彩结的彩陶（红为赭红、土红，黑为灰黑、暗黑），还是"黑里朱表，朱里黑表"的战国漆器、流传至今的女红男黑结婚礼教，都表明中华大地那既热情又含蓄的民族特性。

我国地大物博、人口众多，有从亚热带、温带至寒带的地理气候，还有着五十多个民族。笼统地讲，北方民族因寒季较长，服装色彩多偏深；南方民族暖季较长，服装色彩具体到每个民族，又都有着各自的民族用色。如新疆地区的维吾尔族，属绿色较少的沙漠民族，他们的室内装饰五彩斑斓，服装用色也多采用黄沙中少见的绿色、玫瑰红、枣红、橘黄等浓艳色。被誉为"朝霞锦"的艾德利斯绸，在沙漠、雪山、蓝天的衬托下是那样夺目、和谐。这与维族人直爽、豪放、能歌善舞的性格是极其吻合的。地处云南的傣族，祖祖辈辈生活在气候炎热、植物茂盛、风景秀丽的澜沧江畔，服装色彩多以鲜艳、柔和的色组出现，如淡绿、淡黄、淡粉、玫红、粉橙、浅蓝、浅紫，最深也就是孔雀绿了，白色运用也很广泛。这种民族的生活条件，尤其是自然或风土的条件，使得各自都持有其独特的色彩爱好，从而也就形成或产生其民族独自的色彩感觉。

随着时代的进步、科学的发展，各民族间的文化交流日趋频繁。通过相互学习，相互借鉴，使得民族与民族间共通的东西多了起来。然而，无论怎样开放，怎样创新，扎根沃土的民族文化和民族精神永不能丢。许多成功的设计师就是立足于民族风格，在继承本民族服饰精华的同时，吸取它国、它民族的营养，使自己在国际时装舞台上占有一席之地。如日本服装设计师三宅一生，他是在西方文化的影响下成长的，但设计走的却是一条与西方传统截然不同的路。他吸取日本和服的裁剪法，吸收和服袖子的形状，最后完成古代与未来混为一体的独特样式的创造。而服装色彩多为日本民族喜爱的赭、褐系列。中国设

计师梁子"天意"(TANGY)品牌设计总监，把"莨绸"这一近乎灭绝的中国文化遗产，以纤纤之手，拳拳之心，给予呵护，注入时尚的新鲜养分，终于让其老树生花，在"天意"品牌中，非但成为了一个独具个性、称奇世界的时尚品类，而且结束了莨绸五百多年来单一色系的状态，而有了"天意彩莨"（图1-8、图1-9）。

值得注意的是，一提服装民族性，并不是单指传统的民族服装，也并不是照搬古代的或现代的东西。民族性格要与时代特征相结合，只有将民族风格打上强烈的时代印记，民族性才能体现出真正的内涵。

四、其他

人们每到一个国家或城市，首先映入眼帘的是城市的建筑和人们的衣着。它能直观地告诉我们这个国家或城市的文明程度。单就服装而言，如果这里的人们衣着华美得体，显示人们良好的精神面貌和修养，从侧面反映了这里的社会风尚与文化水准，也标示着其整体生活水平。所谓"衣如其人"，实际是说每个人的着装很自然地把各自的精神面貌、文化素养及职业地位显示了出来。所以说，一个国家或地区人们的基本的衣着得体程度、配色和谐程度，显示的自然就是该地区的社会文明程度，所以说服装色彩也是社会文明的象征。

另外，服装色彩还是穿衣人性格的最好写照。以小说《红楼梦》为例，书中人物众多，上下几百号人，从皇奴亲王、公子小姐到丫鬟仆人，在曹雪芹笔下，可谓人各有性，体各有态，衣各有色。"斑竹一枝千滴泪"构成了林黛玉多愁善感、悲凉凄切的性格和气质，她的衣着清雅素淡，作者常以白、月白、绿的基色来象征她纯洁、冷寂、哀愁的身世和命运。柔和、甜美的粉红色，象征着薛宝钗八面玲珑、处事圆滑、审慎处世的性格；王熙凤这个外貌美艳、穿着华丽、心狠手辣的荣国府内管家，攒珠嵌金，五色斑斓，彩绣辉煌成了她性格的象征。书中像这样的例子可以说是举不胜举。

服装色彩所体现的象征性。绝非是一个简单的内容，从大的民族、国家，到小的人物性格、地位和服装用途，只有从这些方面去理解、去探寻，才能真正把握住服装色彩象征的内涵。

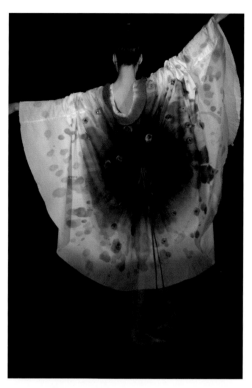

图1-8 服装中的民族性特征

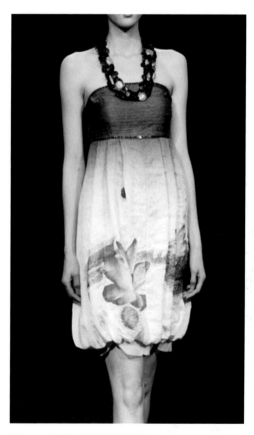

图1-9 服装中的民族性特征

第五节　服装色彩的装饰性特征　▶▶▶

　　装饰，是造型艺术中最一般的特征，也是最常用的创作手法。服装色彩的装饰性是指在实用功能的基础上通过色彩来实现服装的审美价值的性能。色彩在服装中的装饰价值是由色彩美的规律和人类的审美标准双重因素决定的。服装色彩所体现的装饰性包含两层含义：一是指服装表面的装饰；二是指有目的的装饰于人。

　　第一层含义的装饰多以图案形式来表现，不仅指有形的、规则的图案，也包括简单的色条、色块等，加上附属的辅料、配饰，其装饰特征非常强烈。服装本身成了装饰的对象。由于这类服装的色彩效果本身具备了较完整的装饰性，无论是有花纹的面料，还是采用印、扎、绘、绣、镶、补等工艺手段构成的图案装饰，都使服装富有艺术气息。所以，一件衣服即便是没有人穿着，平面的放在那里，就外在的色彩、纹样和工艺来说，同样也具有欣赏价值。

　　中国古代的宫廷服装，以及近现代华丽的旗袍、晚礼服等，其色彩都具有浓厚的装饰性。从织锦缎、印花丝绸，到高超的刺绣、珠绣、盘金绣等工艺中，都能观赏到一种独具风韵的、装饰味很足的"中国风"。我国许多少数民族服装的色彩也非常具有装饰性，如贵州雷山县的苗族，广西龙胜地区的红瑶，河池地区的白裤瑶等。当然，这些表面看上去的色彩和图案，有时并不单为了装饰而装饰，它记录着人们古老的故事，表达着美好的心愿，同时也是技术的表现、财富的象征。

　　从全球看，南半球的片状衣着（披裹型）大多注重面料本身的处理，如印度妇女的纱丽，经手绘花纹、木版印花、蜡染印花，加上植物纹样的应用，所呈现出的效果多为装饰趣味很浓的热带色彩气氛。另外，在现代服装中，运动服装、T恤衫、编织毛衣和可爱的童装，都是以色彩发挥着最强烈的装饰性效果，采用的手法多为交织、镶拼和贴补。

　　服装色彩装饰性的第二层含义主要是围绕着人，着重服装色彩与着衣人的体态、服装色彩与着衣人的内心（精神）、服装色彩与着衣环境的协调等，人成了装饰的对象。衣服本身可能不存在外表华丽的图案，但通过服装也能充分装点出一个人的气质和面貌。我们常常会有这样的发现：一个气度不凡的年轻女子，尽管穿着一身式样和色彩都很简单的服装，但整体地看来是那样协调、完美。服装衬托着人，服务于人，服装真正成为了人的装饰物。最后留给人的视觉印象是人，而不是单纯的服装。当然，并不是说装扮人就不需要美丽的图案，这里强调的是，人的装饰涉及的面更广，也更内在。服装色彩的设计和选择应因不同的性格、不同的职业、不同的地位、不同的场合而有所区别，比如参加私人聚会、友人婚宴等，就要选择色泽艳丽、样式独特或表面带有一些装饰的服装来装点自己；如果是参加办公会议或谈判，穿着一身合体、端庄、雅致的套服就显得更为合适。郭沫若曾经说过："衣裳是文化的表征，衣裳是思想的形象。"这句话也告诫我们，在注重服装外表美的同时，更应注重服装的内在美，学会用色彩来装扮自己，让色彩形成为无声的语言替自己"说话"，让服装色彩成为装饰自身、美化心灵、美化环境的有力武器。

Chapter 2

第二章　服装色彩的基础理论

第一节　色彩的本质及其分类　▶▶▶

一、色彩的本质

1. 色彩的产生

我们生活在一个五彩缤纷、绚丽多彩的世界里。凡是视觉功能正常的人，既能看色彩，也能感受到光。如果没有光，我们就看不见蓝天白云，也看不到鲜花绿草，感受不到时光的美好、人生的愉悦，如同置身黑暗的洞穴，无任何色彩可言了。瑞士色彩学家约翰内斯·伊顿写道："色彩是生命，因为一个没有色彩的世界在我们看来就像死的一般。"在同一种光线条件下，我们会看到同一种景物具有各种不同的颜色，这是因为物体的表面具有不同的吸收光线与反射光的能力，反射光不同，眼睛就会看到不同的色彩，因此，色彩的发生，是光对人的视觉和大脑发生作用的结果，是一种视知觉。由此看来，需要经过"光—物—眼"的过程才能见到色彩（图2-1）。

（1）光

在物理学上，光是一定波长范围内的一种电磁辐射，它与宇宙射线、γ射线、X射线、紫外线、红外线、雷达、无线电波、交流电等并存于宇宙中。光用波长来表示。电磁辐射的波长范围很广，最短的如宇宙射线，最长的如交流电。在电磁辐射中只有从380~780nm波长的电磁辐射能够被人的视觉接受，此范围称为可见光（图2-2）。

对于波长在780nm的光线，人的感觉是红色，380nm感觉是紫色，适中的是580nm的黄光'波'长大于780nm是红外线以及收音机用的电波；小于380nm就是紫外线以及医疗用的X光线。波长和色彩的关系见表2-1。

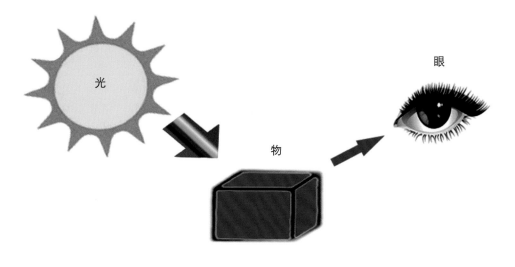

图2-1　色彩的感知过程

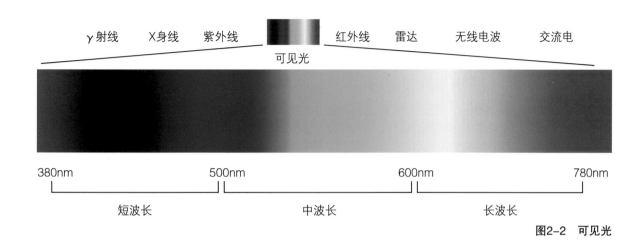

γ射线　　X射线　　紫外线　　　　　　红外线　　雷达　　　无线电波　　　交流电

可见光

380nm　　　　　　　　500nm　　　　　　　　600nm　　　　　　　780nm

短波长　　　　　　　　中波长　　　　　　　　长波长

图2-2　可见光

表2-1　光谱颜色的波长及范围

色　调	波长(nm)	范围(nm)
红	700	640～760
橙	620	600～640
黄	580	550～600
绿	510	480～550
蓝	470	450～480
紫	420	380～450

图2-3　色散实验

（2）可见光谱

　　真正揭开光色之谜的是英国科学家牛顿。17世纪后半叶，牛顿进行了著名的色散实验（图2-3）。他在一间漆黑的房间里，只在窗户上开一条窄缝，让太阳光通过一个玻璃三棱镜射进来。结果出现了意外的奇迹：在对面墙上出现了一条七色组成的光带，而不是一片白光，七色按红、橙、黄、绿、青、蓝、紫的顺序一色紧挨一色地排列着，极像雨过天晴时出现的彩虹。同时，七色光束如果再通过一个三棱镜还能还原成白光，这条七色光带就是太阳光谱（图2-4）。

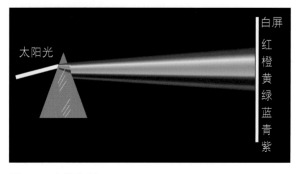

白屏
红橙黄绿蓝青紫

太阳光

图2-4　光的色散

（3）固有色与光源

根据太阳光束通过三棱镜折射显现七色光谱的原理，当太阳光照射到某物体上时，人们看到的只是一种颜色或间杂少量其他颜色，并没有出现七色光谱颜色，那么，其余颜色哪里去了？这是因为物体吸收了太阳光中的一部分色光，反射出一部分色光，人们看到的物体的颜色，是反射出的那部分色光，也就是物体色，即人们通常所说的固有色。物体表面结构所具有的不同吸收与反射（透射）功能，确定它在受光照射下会呈现什么颜色。最后这被反射和透射的光刺激了人眼视网膜上的视神经细胞，人才感觉到色彩的客观存在。一部分被吸收，剩下的部分反射到眼睛中，这就是我们看到的色彩。如蓝色，它是将白色光中的其他色光吸收，而不吸收蓝色光，所以呈现出蓝色；红色是因为它吸收了白色光中的其他所有色光，而仅仅反映红色；黑色是将六种色光都吸收了，不反射光，呈现黑；白色是平均反射六种色光，故而呈现白色（图2-5）。

2. 色彩的三属性

视觉所能感知的一切色彩现象都具有三种最基本的属性：色相、明度、纯度，也称之为色彩的三要素，它们不可分离，在我们调配色彩的时候总会在这三个要素上面有所侧重。

（1）色相

色相，指色彩的相貌，确切地说是依波长来划分的色光的相貌，因为不同波长的光给人特定的感受是不同的，将这种感受赋予一个名称，如大红、中黄、宝石蓝、孔雀绿等，就像每个人都有自己的名字一样。当我们称呼某一色彩时，便会联想到一个特定的色彩印象，这就是色相的概念。

（2）明度

明度指色彩的明暗或者深浅程度。色彩越浅，明度越高；反之色彩越深，明度则越低。如黄色明度最高，紫色明度最低。若同一种颜色加黑色、白色会产生不同的明暗层次，靠近白色的这端明度最高，属于高明度色；靠近黑色这端明度最低，

属于低明度色；而中间不深不浅的颜色则属于中明度色；有彩色加白明度提高，加黑明度降低（图2-6）。

由上所述，我们可得出，色彩明度的降低或提高可加黑、加白，也可与其他深色、浅色相混（如黄、紫）。例如：蓝色加白明度提高了，蓝色加黑，明度降低了，但纯度也同时降低了。红加黄，明度提高了，加紫明度降低了，在明度和纯度发生变化的同时，色相也相应发生了变化。

（3）纯度

纯度指色彩的纯净、鲜艳程度，也就是色彩的饱和度、艳度、彩度。它表示颜色中所含某一种

图2-5　光的反射示意图

图2-6　色彩的明度变化

色彩的成分比例，纯色的色感强，色彩的纯度越高就越鲜艳，所以纯度也是色彩强弱的标志。

不同的色相明度不一样，纯度就不一样。任何一种颜色，加入不论有彩色系还是无彩色，纯度均会下降。一种颜色，加入白色时明度提高，纯度下降；加入黑色时明度和纯度都会下降。如红色，混入白色会变成粉红色，混入黑色会变成深红色。在自然色中，红色的纯度最高，其次是黄色，绿色的纯度只有红色的一半。

大自然中，大部分都是非高纯度色，色彩才有了丰富多彩的变化，显得更加漂亮。色彩的纯度变化对人的心理影响极其微妙，例如年轻人喜欢纯度较高的服装色彩，老年人则喜欢穿着中低度色彩的服装。

明度、色相、纯度三者之间的关系相辅相成，缺一不可，密不可分。因此，在认识色彩和应用色彩时，必须同时考虑这三个要素。

二、色彩的基本分类

1. 无彩色系和有彩色系

色彩可以简单的分为无彩色系和有彩色系。

图2-7 无彩色系服装

（1）无彩色系

只有明度，没有色相变化的颜色。包括黑色、白色以及黑白两色之间相融而成的按照一定的规律由白色渐变到浅灰、中灰、深灰的灰色直到黑色（图2-7、图2-8）。

图2-8 无彩色系服装

（2）有彩色系

无彩色系以外的各种颜色，以红、橙、黄、绿、青、蓝、紫等为基本色。它们之间相互混合，以及与无彩色系之间的混合所产生的千千万万种色彩都属于有彩色系。不同色彩的搭配使服装呈现出不同的品味、不同的风格、不同的意境（图2-9）。

2. 色彩的原色、间色、复色

（1）原色

也叫"三原色"。即红、黄、蓝三种基本颜色。自然界中的色彩种类繁多，变化丰富，但这三种颜色却是最基本的原色，原色是其他颜色调配不出来的。把原色相互混合，可以调和出其

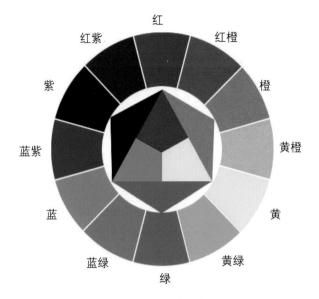

图2-10　12色色相环

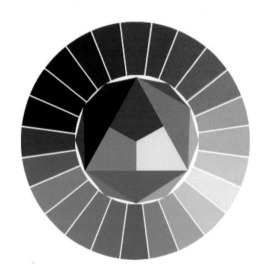

图2-11　24色色相环

图2-9　有彩色系服装

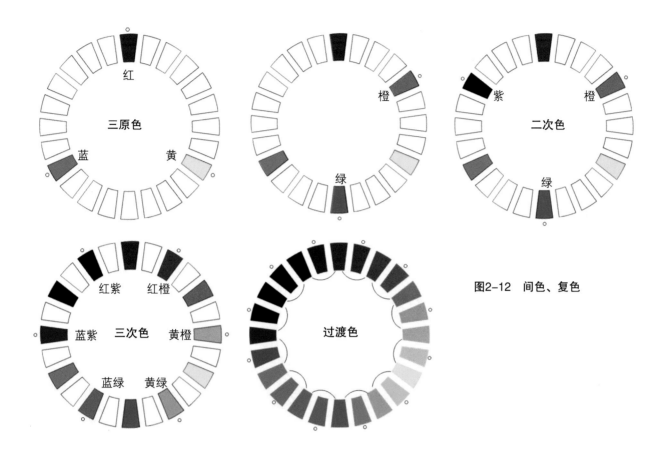

三原色

红

蓝　　　黄

橙

绿

二次色

紫　　　橙

绿

红紫　　红橙

蓝紫　三次色　黄橙

蓝绿　黄绿

过渡色

图2-12　间色、复色

他颜色（图2-10、图2-11）。

（2）间色

　　又叫"二次色"。它是由三原色调配出来的颜色。红与黄调配出橙色；黄与蓝调配出绿色；红与蓝调配出紫色，橙、绿、紫三种颜色又叫"三间色"。在调配时，由于原色在份量多少上有所

不同，所以能产生丰富的间色变化（图2-12）。

（3）复色

　　也叫"三次色"。复色是用原色与间色相调或用间色与间色相调而成的"三次色"。复色是最丰富的色彩家族，复色包括了除原色和间色以外的所有颜色（2-12）。

第二节　色彩的混合　▶▶▶

　　两种或两种以上的颜色混合在一起，构成与原色不同的新色的方法称其为色彩混合。归纳为三大类：加色混合、减色混合、中性混合。

一、加色混合

　　加色混合也称色光混合。即将不同光源的辐射光投照到一起，合照出的新色光。其特点是

把所混合的各种色的明度相加，混合的成分越多，混合的明度就越高。将朱红、翠绿、蓝紫三种色光作适当比例的混合，大体上可以得到全部的颜色。而这三种色是其他色光无法混合得出来的，所以被称为色光的三原色。朱红和翠绿混合成黄，翠绿与蓝紫混合成蓝绿，蓝紫与朱红混合成紫。混合得出的黄、蓝绿、紫为色光三间色，它们再混合成白色光。当不同色相的两色光相混成白色光时，相混的双方可称为互补色光。加色混合一般用于舞台照明和摄影工作方面（图2-13）。

二、减色混合

减色混合通常指物质的、吸收性色彩的混合。其特点正好与加色混合相反，混合后的色彩在明度、纯度上较之最初的任何色都有所下降，混合的成分越多，混色就越暗越浊。减色混合分颜料混合和叠色两种。

（1）颜料混合

将物体色品红、柠檬黄、蓝绿三色作适当比例的混合，可以得到很多色。而这三种色是其他色混合不出来的，所以被称为物体色的三原色。橙、黄绿、紫是物体色的三间色，它们再混合则成灰黑色。当两种色彩混合产生出灰色时，这两种色彩互为补色关系。在此可看到一个有趣的巧合现象，那就是色光的三原色正好相当于物体色的三间色，而物体色的三原色又相当于色光的三间色，平时使用的颜料、染料、涂料的混合属于减色混合。在绘画、设计或日常生活中碰到这类混合的机会比较多。

（2）叠色

指当透明物叠置时所得新色的方法。特点是透明物每重叠一次，透明度就会下降一些，可透过的光量也会随之减少，叠出新色的明度肯定降低。所得新色的色相介于相叠色之间，纯度有所下降。双方色相差别越大，纯度下降越多。但完全相同的色彩相叠，叠出色的纯度还有可能提高。值得注意的是，两色相叠（必分底与面或前与后），所得的新色相更接近于面色，并非两色的中间值。面色的透明度越差，这种倾向越明显。

三、中间混合

中间混合包括旋转混合与空间混合两种。中间混合属色光混合的一种，色相的变化同样是加色混合，纯度有所下降，明度不像加色混合那样越混越亮，也不像减色混合越混越暗，而是被混合色的平均明度，因此称为中间混合。

（1）旋转混合

在圆形转盘上贴上几块色纸并使之快速回转，即可产生色混合现象，称为旋转混合。如旋转红和绿的色纸，可以看到黄色。

（2）空间混合

将两种或两种以上的颜色并置在一起，通过一定的空间距离，在人视觉内达成的混合，称空

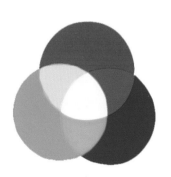
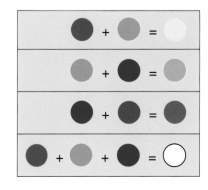

红光 + 绿光 = 黄光
蓝光 + 绿光 = 青光
红光 + 蓝光 = 品红光
红光 + 绿光 + 蓝光 = 白光

图2-13 加色混合（色光混合）

图2-14　空间混合

间混合，又称并置混合。这种混合与前两种混合的不同点在于其颜色本身并没有真正混合，但它必须借助一定的空间距离。

空间混合因是在人的视觉内完成，故也叫视觉调和。这种依视觉与空间距离造成的混合，能给人带来一定光刺激量的增加。因此，它与减色混合相比明度显得要高，色彩显得丰富，效果响亮、更闪耀，有一种空间的流动感。如大红与翠绿颜料直接相混，得出黑灰色；而用空间混合法可获得一种中灰色。大红与湖蓝颜料混合得深灰紫色；如空间混合，则获得浅紫色。法国后期印象派画家的点彩风格，就是在色彩科学的启发下，以纯色小点并置的空间混合手法来表现，从

而获得了一种新的视觉效果（图2-14）。

空间混合的效果取决于两个方面：一是色形状的肌理，即用来并置的基本形，如小色点（圆或方）、色线、网格、不规则形等这种排列越有序，形越细、越小，混合的效果越单纯、越安静。否则，混合色会杂乱、眩目，没有形象感。二是观者距离的远近，同是一个物体，近看形象清晰，层次分明；远看往往是个大感觉，明暗处于一种中性状态。空混制作的画面，近看可能什么也不是，而在特定的距离以外可获得清晰的视觉。用不同色经纬交织的面料也属并置混合，其远看有一种明度增加的混色效果。印刷上的网点制版印刷用的也是此原理。

空间混合作品范例（图2-15）。

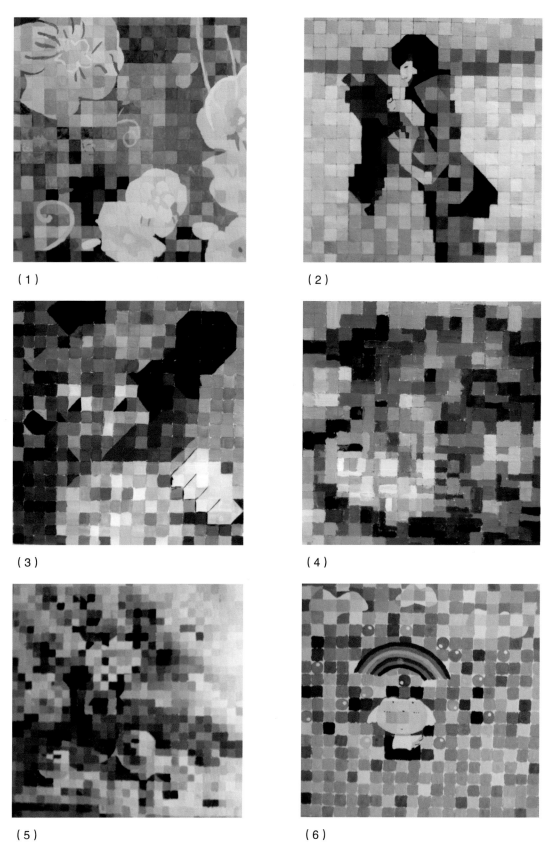

（1）

（2）

（3）

（4）

（5）

（6）

图2-15-空间混合

第三节　色彩的对比

一、明度对比

因明度差别而形成的色彩对比，称之为明度对比，也就是说色彩的明暗关系。每一种颜色都有自己的明度特征，因此，明度对比是色彩构成中最重要的因素，色彩的空间和层次关系主要是依靠色彩的明度对比来表现。

1. 明度调子

以黑、白、灰系列的9个明度阶梯为基本标推来进行明度对比强弱的划分（图2-16）。如图2-17所示，靠近白的3级称高调色，靠近黑的3级称低调色，中间3级称中调色。色彩间明度差别的大小决定着明度对比的强弱。三个阶梯以内的对比为明度弱对比，又称短调对比；五个阶梯以外的对比称明度强对比，也称长调对比；三个阶梯以外，五个阶梯以内的对比称明度中对比，又称中调对比。

在明度对比中，面积最大、作用最强的色彩或色组属高调色，色的对比属长调，那么整组对比就称为高长调；如果画面主要的色彩属中调色，色的对比属短调，那整组对比就称为中短调。按这种方法，大体可划分为十种明度调子：高长调、高中调、高短调、中长调、中中调、中短调、低长调、低中调、低短调、最长调。第一个字都代表着画面中主要的色或色组（图2-18）。

2. 明度调子分类

（1）明度弱对比：高短调、中短调、低短调

高短调：大面积明度色阶为8，小面积明度色阶为6和9，属高调弱对比，形象分辨力差，有

图2-16　明度序列

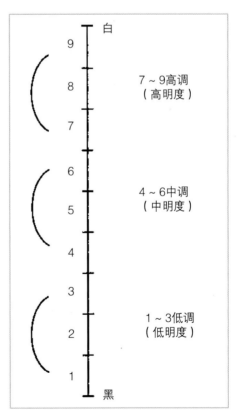

图2-17　明度对比的等级划分

优雅、柔和、高贵、软弱等特点，有女性色彩的感觉（图2-19）。

中短调：大面积明度色阶为5，小面积明度色阶为4和6，属中调弱对比，有朦胧、含蓄、模糊、沉稳的感觉，易见度不高，有些呆板。

低短调：大面积明度色阶为1，小面积明度色阶为3和2，属低调弱对比，具有厚重、低沉、深度的感觉，但因清晰度差，有沉闷、透不过气的感觉。

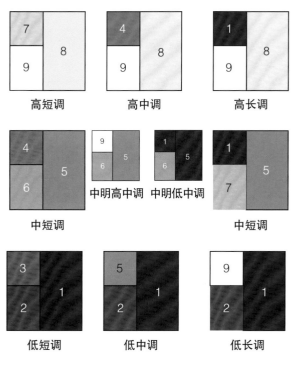

图2-18　明度调子示意图

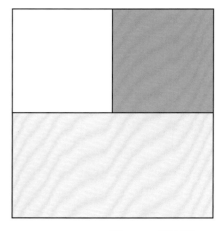

图2-19　高短调

（2）明度中对比：高中调、中中调、低中调

高中调：大面积明度色阶为8，小面积明度色阶为4和7，是以高调色为主的中强度对比，具有明快、活泼、开朗、优雅的特点（图2-20）。

中中调：大面积明度色阶为1或4，小面积明度色阶为5和8或5和2。属不强也不弱的中调对比，具有丰富、饱满、庄重、含蓄等特点。

低中调：大面积明度色阶1，小面积明度色阶5和2，属低调中对比。具有朴素、厚重、沉着、有力度的特点。

（3）明度强对比：高长调、中长调、低长调

高长调：大面积明度色阶8，小面明度色阶1和9，属高调强对比，此对比反差较大，形象轮廓高度清晰，具有积极、明快、活泼、坚定的感觉（图2-21）。

中长调：大面积明度色阶6，小面积明度色阶5和1，属中调强对比，具有明确、稳健、坚实、直率感，有男性色彩的特点（图2-22）。

低长调：大面积明度色阶1，小面积明度色阶9和2，属低调强对比，其效果与高长调相似，具有对比强烈的感觉，但又带有苦闷、压抑、消极的情绪。

二、色相对比

色相环上的任意两色或三色并置在一起，因它们的差别而形成的色彩对比现象，称色相对比。色相对比是给人带来色彩知觉的重要方面，不同程度的色相对比，有利于人们识别不同程度的色相差异，增加视觉的判断力，同时，也可以丰富色彩感受，满足人们对色相感的不同要求。

色相对比的强弱决定于色相在色相环上的位置。从色环上看，任何一个色相都可以以自我为主，组成同类、类似、邻近、对比和互补色相的对比关系（图2-23）。

（1）同类色相对比

指色相距离15°以内的对比，是色相中最弱的对比。由于对比的两色相距太近，色相模糊，一般被看作是同一色相里的不同明度与纯度的色

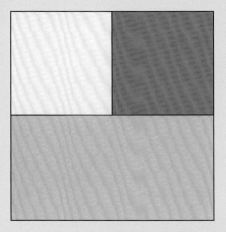

8	4
7	

图2-20　高中调

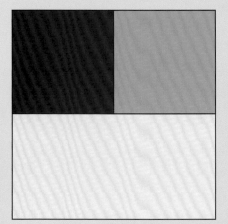

1	9
8	

图2-21　高长调

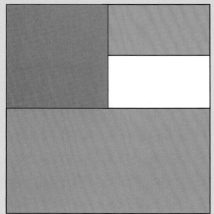

5	1
6	

图2-22　中长调

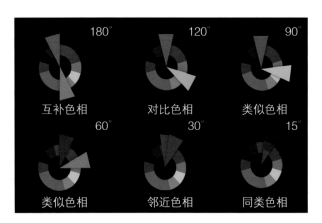

图2-23　色相对比

彩对比。这种服装色彩的对比效果主要依靠明度来支撑，总体表现为微弱、呆板、单调、无兴趣，但色调感强，表现为一种静态、含蓄、稳重的美感。

（2）邻近色相对比

指色相距离30°左右的对比，是色相中较弱的对比。此对比的特点仍然是统一、和谐、高雅、素静，易显得平淡无力、模糊，必须调节明度差来加强效果。

（3）类似色相对比

指色相距离60°左右、90°以内的对比，属色相的中对比。类似色相的配色效果显得丰满、活泼，但又不失雅致、和谐的感觉。既保持了统一的优点，又克服了视觉不足的缺点。服装设计和室内设计常常采用这种配色手法。

（4）对比色相对比

指色相距离120°左右的对比关系，属色相的中强对比。这种对比有着鲜明的色相感，效果强烈、醒目、有力、活泼、丰富，也因为不易统一而容易使人感到杂乱、刺激、造成视觉疲劳。一般需要采用多种调和手段来改善对比效果（图2-24、图2-25）。

（5）互补色相对比

指色相距离180°的对比，是色相中最强的对比关系，是色相对比的极端。效果强烈、眩目、响亮、极有力，但若处理不当，易产生幼稚、原始、粗俗、不安定、不协调等感觉。它适于较远距离的设计，使人在较短的时间内获得一种色彩印象，如街头广告、标志、橱窗、商品包装等。补色调和在色相对比中最难处理，它需要较高的配色技能。

三、纯度对比

将不同纯度的两色并列在一起，因纯度差而形成鲜的更鲜、浊的更浊的色彩。对比现象，称纯度对比。纯度对比较之明度对比、色相对比更柔和、更含蓄，其特点是增强用色因纯度差别而形成的色彩对比，也称为"彩度"和"鲜艳度"。

有彩色的彩度划分方法如下：选出一个彩度较高的色相，如大红，再找一个明度与之相等的中性灰色（灰色是由白与黑混合出来的），然后将大红与灰色直接混合，混出从大红到灰色的纯度依次递减的彩度序列，得出高纯度色、中纯度色、低纯度色（图2-26）。在色彩中红、橙、黄、绿、蓝、紫等基本色相的纯度最高，无彩色没有色相，故纯度为零。

一般说来，把不同的色相分成三段（图2-27）：根据以上纯度色标，凡纯度在1°至31°的色彩称为高纯度，41°至61°色彩称为中纯度，71°至91°的色彩称为低纯度。31°以内的对比属于高彩对比；41°至61°以内的对比属

图2-24　对比色相配色

图2-25　对比色相服装

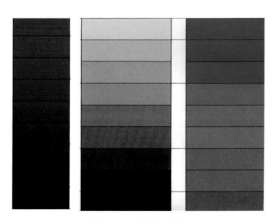

图2-26　纯度对比

于中彩对比；71°至91°以内的对比属于低彩对比。可把纯度对比大体划分为：鲜强对比，鲜中对比，鲜弱对比，中强对比，中中对比，中弱对比，灰强对比，灰中对比，灰弱对比，艳灰对比等。

（1）高彩对比

色彩饱和、鲜艳夺目、华丽而具有个性化特征，若看时间长则使眼睛造成视觉疲劳。

（2）中彩对比

温和柔软、典雅稳重，具有亲和力的视觉效果。

（3）低彩对比

含蓄、暧昧、淡雅、神秘。

（4）艳灰对比

因为灰色和艳色相互映衬，显得生动活泼，但是艳灰对比必须保持明度的一致，否则明度的对比会盖过纯度的对比。

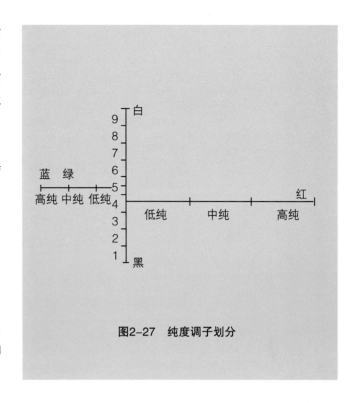

图2-27　纯度调子划分

第四节　色彩的知觉与感觉　▶▶▶

服装的色彩在观察者大脑里引起的反映，就是服装色彩的视觉心理。从这一意义上说，服装色彩心理亦属心理学范围。服装色彩的视觉心理是服装设计中正确、有力、清晰地表达设计意图极为重要的应用理论基础。

服装色彩的视觉心理感受与人们的情绪、意志及对色彩的认识紧密相关，同时与观察者所处的社会环境与社会心理及主体的个性心理特征有关。因此，观察者心理品质的不同，对服装色彩的情感反应也就不同，即使是同样的服装色彩，亦有可能产生不同的心理反应，故而服装色彩的心理现象情感十分复杂，我们将从大多数人共识的方面来分析、探讨服装色彩心理情感发生与发展的基本规律。

一、色彩的知觉现象

1. 色的适应

在观察自然色彩时经常强调抓"第一印象色"，其原因是随着观察时间的延长，色彩就不会像刚看到时那么强烈了，因为视觉本身有个自动适应的过程。这种视觉适应分为明适应、暗适应与色适应。如从黑暗的屋子突然走到强光下，眼前会是一片白茫茫，但很快就会恢复正常，这就是明适应。如从明亮的室外进入暗室，起初什么也看不见，这个恢复过程相对长一些，约5分钟左右，这就是暗适应。再如一块鲜艳的颜色刚被看到时会很夺目、很刺眼，但是过一会儿就觉得暗淡了,这种眼睛对色的习惯过程称为色适应。在感受可见光全波长范围不同色光时,人眼的敏感度是有差异的。对黄绿光波长区域人眼最敏感,人眼感受这个波段的光比较舒服(图2-28)。

2. 色的恒常性

色彩的恒常性主要来自于人们头脑中旧经验对各事物所形成的印象。比如白色的衣服,无论是在红色光线下,还是绿色光线下,都会被知觉为白色。可见一旦某物的色彩被认可,即使客观条件有变化,而相应的知觉却恒常不变。这还由于我们的眼睛对某件物体并不是只感觉绝对光量的多少,而是感觉那个东西本身和周围相比光的反射程度,即反射率。

3. 色的同化

在一些色彩组合中常出现这样的现象:色与色之间不但不使对比加强,反而会在某色的诱导下向着统一方向靠拢。这种现象称为色彩的同化效果。例如:橘红与橘黄并置,其中黄色成分被同化,而各自较弱的红也被同化,两个色就显色比原来灰暗些。如果一块黑色的底子上布满了白色的小点,整体的视觉效果是黑色的明度要比原来高许多(图2-29)。需要注意的是,色的同

图2-29　色彩的同化现象

化一定要具有产生出这种现象的客观条件,如色彩间必须有共同因素,色彩要有一定大小的面积,形也要相对集中或分散等,不然我们的大脑是很难知觉出同化现象的。

4. 色的易见度

在书写标语和画海报的时候,选择什么色的纸做背景以及选择用什么颜色来书写,可直接影响到图形或者文字是否能被看清楚。很显然,白纸上写上黄色的字就没有在白纸上写黑字清楚。

一般来说,色彩的属性差越大,注目的可能性也越高,尤其明度差是决定视认度的最主要因素。如图形色与底色是两个不同的色相,但是明度相似,那么形象肯定是模糊的。相反,即使它们的色相一致,但是明度变化很强烈,那么视觉的易见度也是很高的(图2-30、图2-31)。

5. 色的错觉

在视觉活动中,常常会出现知觉的对象与客观事物不一致的现象,似乎眼睛看错了,我们将这类知觉称为错觉。也就是说一个颜色几乎从未以它的物理真实面貌被我们看到过。色的错觉是

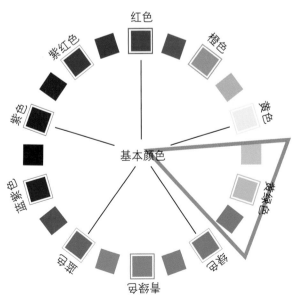

图2-28　黄绿色段

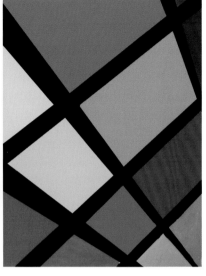

图2-30　色彩的易见度

图2-31　色彩的易见度

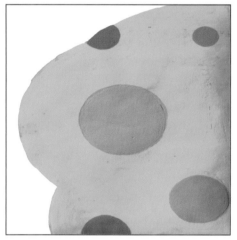

由色彩对比造成的。没有对比，就没有错觉，对比加强了，错觉也就加强了。因此，只要对比存在，错觉就不可能消除。

色的错觉一般表现为边缘错视和包围错视两个方面。错视最显眼的地方在对比色交界线的两侧，称为边缘错视。包围错视也称为全面错视，它比边缘错视带来的错觉更强烈，也更重要。在同样光照下反射同样光的物体，因对比的作用常常会使我们全面改变对色光的感觉。

二、色彩的心理感觉

色彩心理是客观世界的主观反映。不同波长的光作用于人的视觉器官而产生色感时，必然导致人产生某种带有情感的心理活动。比如，红色能使人生理上脉搏加快，血压升高，心理上具有温暖的感觉。长时间红光的刺激，会使人心理上产生烦躁不安，要求用相应的绿色来补充平衡。根据实验心理学的研究，人随着年龄上的变化，生理结构也发生变化，色彩所产生的心理影响随之有别。有人作过统计，儿童大多喜爱极鲜艳的颜色。随着年龄的增长，人们的色彩喜好逐渐向复色过渡，向黑色靠近。也就是说，年龄愈近成熟，所喜爱色彩愈倾向成熟。这是因为儿童刚走入这个大千世界，脑子思维一片空白，什么都是新鲜的,需要简单的、新鲜的、强烈刺激的色彩,他们神经细胞产生得快,补充得快,对一切都有新鲜感。随着年龄的增长,阅历也增长,脑神经记忆库已经被其他刺激占去了许多,色彩感觉相应就成熟和柔和些。色彩心理与人们所从事的职业也有一定的关系,比如体力劳动者喜爱鲜艳色彩,脑力劳动者喜爱调和色彩;农牧区喜爱极鲜艳的,成补色关系的色彩;高级知识分子则喜爱复色、淡雅色、黑色等较成熟的色彩。

1. 冷暖感

关于色彩的冷暖,我国早在南北朝时就已经有了研究与探索,南朝梁元帝萧绎在他的《山小松石格》中谈到"炎绯寒碧,暖日凉星"。视觉色彩引起人对冷暖感觉的心理联想,如红、橙、黄使人联想到火、太阳、热血,是暖感的;青、蓝使人想到水、冰、天空,是冷感的;紫与绿处在不冷不暖的中性阶段上。其中橙被认为最暖,青被认为最冷。色彩的冷暖感,如反映在服装上,暖色衣服就有热烈、温暖感,而冷色衣服则使人觉得有寒冷感。色的冷暖还会因明度的改变而发生变化。橙色中除暗浊色是中性外,其余都是暖色;黄色的明色是暖的,暗色呈中性感,而浊色呈寒感。色的冷暖,不仅表现在固定的色相上,而且往往在与其他色的对比中会产生不同的冷暖倾向。如大红、玫红都属于暖色,但处在同时对比中,大红暖感增强,而玫红则偏冷。如果同时又把橙色加入对比,不仅玫红寒感加强,连大红也有了冷意了。无彩色的颜色总的来说是冷色,只是黑色呈中性感。色彩的冷暖与明度、纯度也有关。高明度的色一般有冷感,低明度的色一般有暖感。高纯度的色一般有暖感,低纯度的色一般有冷感(图2-32、图2-33)。无彩色系中白色有冷感,黑色有暖感,灰色属中。色彩的冷暖感在生活中使用很广,如水银灯的青白色光,使夏天的庭院显得凉爽,而钨丝灯发出的橘黄色光,使冬天的屋内显得暖和。

图2-32　色彩的冷暖感

图2-33　色彩的冷暖感

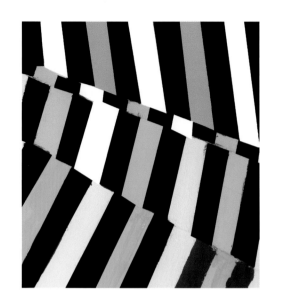

2. 大小感

　　色彩由于波长引起的视觉成像位置有前后区别，这种区别产生了色域。色彩的膨胀与收缩，不仅与波长有关，而且还与明度有关。明度高的有扩张、膨胀感，明度低的有收缩感。同样大小的黑白格子或同样粗细的黑白条子，白色的感觉大、粗，黑色的感觉小、细（图2-34）。同样大小的方块，在紫色地上的绿色要比黄色地上的蓝色大些；在蓝色地上的黄色要比黄色地上的蓝色也大些。这是色彩明度对比形成的膨胀与收缩感。一般有膨胀感的色彩有白色、明亮色、纯度高的色、暖色；有收缩感的色彩有黑色、浊色、暗色、冷色。

3. 轻重感

　　色彩的轻重感主要与明度相关。明亮的色感到轻，如白、黄、浅蓝、浅紫等高明度色；深暗的色感到重，如黑、藏蓝、深褐等低明度色。明度相同时，纯度高的比纯度低的感到轻。就色相来讲，冷色轻、暖色重（图2-35）。

图2-34　色彩的大小感

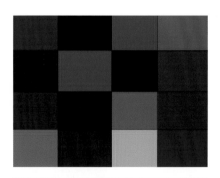

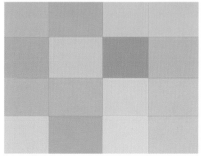

图2-35　色彩的轻重感

4. 软硬感

色彩的软硬感主要取决于明度和纯度，与色相关系不大。明度较高、纯度又低的色有柔软感，如那些粉彩色；明度低、纯度高的色有坚硬感。中性系的绿色和紫色有柔软感。无彩色系中的白和黑是坚固的，灰色是柔软的。从调性上看，明度的短调、灰色调、蓝色调比较柔和；而明度的长调、红色调显得坚硬（图2-36）。色彩的软硬感在服装配色中应用也很多，如奶油色、粉红色、淡蓝色等软色是儿童服装理想的色彩，它们与儿童娇嫩的皮肤相映衬显得十分协调。

5. 兴奋与沉静感

色彩有给人兴奋与沉静的感受，这种感受常带有积极或消极的情绪。暖色系红、橙、黄明亮而鲜艳的颜色给人以兴奋感；冷色系蓝绿、蓝、蓝紫中的深暗而浑浊的颜色给人以沉静感。中性的绿和紫既没有兴奋性也没有沉静性。另外，色彩的明度、纯度越高，其兴奋感越强。无彩色系的白与其他纯色组合有明快感、兴奋感、积极感，而黑是忧郁的（图2-37、图2-38）。在服装中，旅游服多数采用兴奋的色彩，而医生、护士则应穿具有沉静色感的服装。

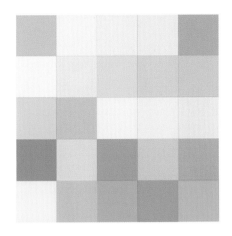

图2-36　色彩的软硬感

图2-37　色彩的兴奋与沉静感

图2-38 服装色彩的兴奋与沉静感

6. 华丽与朴实感

色彩可以给人以富丽辉煌的华美感，也可以给人以质朴感。纯度对颜色的华丽质朴感影响最大，明度也有影响，色相影响较小。明度高、纯度也高的色显得鲜艳、华丽，如霓虹灯、舞台布置、新鲜的水果色等；纯度低、明度也低的色显得朴实、稳定，如古代的寺庙、褪色的衣物等。红橙色系容易有华丽感，蓝色系给人的感觉往往是文雅的、朴实的、沉着的。但嘹亮的钴蓝、湖蓝、宝石蓝同样有华丽的感觉。大部分活泼、强烈、明亮的色调给人以华丽感；而暗色调、灰色调、土色调有种朴实感（图2-39、图2-40）。色的华丽、质朴感与服装穿着场合大有关系，如轻松的歌舞舞台是华丽服装的场地，在游泳、滑雪等需要引人注目的场合，也适宜用华丽鲜艳的服装，而在课堂、图书室、书房等处则应选质朴的服色。

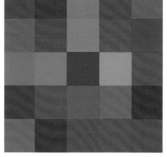

图2-39 色彩的
华丽与朴实感

图2-40　服装色彩的华丽与朴实感

Chapter 3

第三章　服装色彩的意象

第一节　关于色彩意象　▶▶▶

　　每个人对色彩的感觉与情感都是不一样的，有人喜欢红色，有人钟爱蓝色，有人热爱绿色。人们对色彩总是有着丰富的联想与憧憬，这一习惯的形成，往往是与自己所处的环境与曾受过的"刺激"有着密切的联系的。人们爱红色可能是因为国旗，爱蓝色可能是因为海洋和天空，爱绿色可能是因为草地和森林；另外，有人不喜欢红色可能是因为火和血，不喜欢蓝色可能是因为孤僻和恐惧等。对色彩的理解是因人而异的，作为

设计者，可以利用这一特性去做更多的有关色彩的构成练习，为今后的专业设计做好基础知识准备，从而针对不同的人群设计出不同的作品，赋予不同的色彩倾向，使之最大程度去表达人们对于色彩的真实情感，从而更好的为人服务。

　　当人们看到色彩时，除了会感觉其物理方面的影响，心里也会立即产生感觉，这种感觉一般难以用言语形容，称之为印象，也就是色彩意象。

第二节　色彩意象的一般规律　▶▶▶

　　色彩设计是人类社会性的审美创造活动。在这种审美性的创造活动中，色彩则表现出了不同的社会属性和情感意志。

1. 红色

　　红色是最强有力的色彩，因此在标识、旗帜等用色中占据了主要地位，成为常用的宣传色。红色富有生命力和视觉冲击力，象征着热情、吉祥、富贵、革命、幸福和危险（图3-1）。

图3-1　王振华《凤鸾喧》第七届中国国际经编设计大赛作品

红色有时候会给人血腥、暴力、忌妒、控制的印象，容易造成心理压力，因此与人谈判或协商时则不宜穿红色；预期有火爆场面时，也请避免穿红色。当你想要在大型场合中展现自信与权威的时候，可以让红色单品助你一臂之力。

粉红象征温柔、甜美、浪漫、没有压力，可以软化攻击、安抚浮躁。在需要权威的场合，不宜穿大面积的粉红色，并且需要与其他较具权威感的色彩做搭配。当要和女性谈公事、提案时，或者需要源源不绝的创意时、安慰别人时、从事咨询工作时，粉红色都是很好的选择。

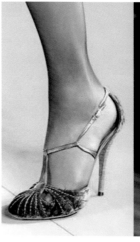

图3-2　橙色服饰

2. 橙色

橙色是色彩中最温暖的颜色，也是一种令人兴奋的颜色，给人光明、华丽、辉煌、快乐的感觉。康定斯基称橙色为"最能使眼睛得到温暖和快乐情感的色彩"。它象征着成熟、富贵、成就，也代表着责任和权利。在现在人们的日常生活中，橙色是使用最广泛的颜色，也是一种食欲色。

橙色加白成为浅橙色，充满温馨、祥和、精致、温暖且令人惬意的感觉，因此很适合食品的包装设计以及轻松随意的服装和家居用品的设计。橙色稍稍混入黑色或白色，会成为一种稳重、含蓄、有明快感的暖色，但混入较多的黑色后，就成为一种烧焦的色。橙色与蓝色的搭配，构成了最响亮、最欢快的色彩（图3-2）。

3. 黄色

黄色是明度最高的色，在高明度下能够保持很强的纯度。黄色灿烂、辉煌，有着太阳般的光辉，因此象征着照亮黑暗的智慧之光；黄色有着金色的光芒，因此又象征着财富和权利，它是骄傲的色彩。我国传统的文化习俗中，黄色被尊奉为高贵而神圣的颜色，它代表权势和威严，所以为历代封建帝王所专有，普通人是不能随便服用的。

艳黄色有不稳定、招摇的感觉，不适合在可

能引起冲突的场合穿着，如谈判场合。黄色适合在任何快乐的场合穿着，譬如生日会、同学会；也适合在希望引起人注意时穿着。黑色或紫色的衬托可以使黄色达到力量无限扩大的强度（图3-3）。

4. 绿色

绿色不但能促使人们精神兴奋，还能达到解除郁闷、宽人心胸的作用。它代表着大自然、和平、青春、希望、生命、安全、环保等。尤其绿色和黄绿色用于室内设计会给人以大自然的感觉，显得祥和、安定、给人舒畅感，具有消除疲劳的功能，在色彩的心理调节方面具有很重要的意义。

图3-3 黄色服饰

黄绿色给人清新、活力、快乐的感受；明度较低的草绿、墨绿、橄榄绿则给人沉稳、知性的印象。含灰的绿色也是一种宁静、平和的色彩，就像暮色中的森林或晨雾中的田野那样。绿色是参加任何环保、动物保护活动、休闲活动时都很适合的颜色（图3-4）。

5. 蓝色

毕加索曾说过：世界上最美的颜色就是各种蓝色之中的纯蓝色。蓝色是典雅庄重的色彩，是博大、凉爽、清新的色彩，象征着真理、严谨、

图3—4 绿色服饰

理智、永恒、尊严、朴素、冷酷和科技。在商业设计中，强调科技、效率的商品或企业形象，大多选用蓝色当标准色。另外蓝色也代表忧郁。

明亮的天空蓝，象征希望、理想、独立；暗沉的蓝，意味着诚实、信赖与权威。正蓝、宝蓝在热情中带着坚定与智能；淡蓝、粉蓝可以让自己、也让对方完全放松。淡蓝色给人淡雅、浪漫、透明、卫生、清爽的感觉，所以适合矿泉水和清洁用品的包装设计。普蓝色、藏蓝色等深蓝色系列蕴含着朴素、稳重、智慧、严谨、孤独的色彩含义，是老年人最喜爱的服装颜色。想要使心情平静时、需要思考时、与人谈判或协商时、想要对方听你讲话时可穿蓝色（图3-5）。

6. 紫色

紫色给人高贵、庄重、虔诚、神秘、压抑的感觉。中国人自古以来就有着以紫为贵的文化传统。同时，紫色也有消极的意味，在南美巴西人就采用紫色来代表对亡灵的沉痛追悼。

紫红色给人大胆、开放、娇艳的感觉，适合晚礼服的设计。淡紫色给人优雅、含蓄、浪漫、梦幻、高贵、神秘、高不可攀的感觉，适合女性化妆品的包装设计、内衣设计等。艳紫色具有魅力十足又具有难以深测的华丽浪漫。暗紫色给人迷信的感觉，世界上很多民族都将它看做是消极、不祥的色彩（图3-6）。

图3—5　蓝色服饰

7. 白色

白色是万色之源的颜色，象征着光明、正直、纯洁、神圣、无私、缥缈等。新娘的传统礼服是白色，象征着冰清玉洁以及爱情的神圣、坚贞和纯洁。在日本，白色则是天子的服色。在我国它被作为传统葬礼的用色，代表恐惧、悲哀。

当需要赢得做事干净利落的信任感时可穿白色上衣，像基本款的白衬衫就是粉领族的必备单品（图3-7）。

8. 黑色

黑色给人烦恼、消极、悲痛、死亡的消极感觉；也给人个性、安静、考验、深沉、庄重、坚毅的积极感觉。黑色常用于老年人的服装色彩，显得稳重沉着，用于年轻人的服装色彩则显得气度不凡。黑色常用于晚礼服的设计，可表现出典雅、高贵、神秘的格调，而黑白相配的服装则显得大胆和新颖时髦。

9. 灰色

灰色是能够最大限度地满足人眼对色彩明度舒适要求的中性色，它能使人感觉到生理上的平衡。它给人稳重、优雅、平和、中庸、消极等含义。在生活中的应用也是非常的广泛和丰富，象征着朴素、优雅，给人精致、高雅、耐人寻味的感觉。灰色能和任何的颜色相互结合，它是永远不变的流行色，因此也常用于纺织面料、包装设计中较有文化品味的设计。其中的铁灰、炭灰、暗灰在无形中散发着智能、成功、权威等强烈讯息；中灰与淡灰色则带有哲学家的沉静。

当灰色服饰质感不佳时，整个人看起来会黯淡无光、没精神，甚至造成邋遢、不干净的错觉。灰色在权威中带着精确，特别受金融业人士喜爱；当在需要表现智能、成功、权威、诚恳、认真、沉稳等场合时，可穿着灰色服装（图3-8）。

图3-6　紫色服饰

图3-7　白色服饰

图3-8　灰色服饰

第三节　服饰色彩意象传达　▶▶▶

在艺术设计中，情感是色彩领域中重要的研究对象之一，理解和熟悉色彩的情感有助于系统、完整地认知色彩，自如地运用色彩，为设计创作开拓更广泛的空间。

一、红色系列服装

由具有热情、喜悦象征的红色，伴随着各种质地面料的性格而组成的服装，概括为偏紫的玫瑰红系列和偏黄的大红、朱红系列等，组成多种多样的红色服装配色。用波纹绸和乔其纱制作的红色连衣裙，具有柔美的表情；用闪光繁荣紫红色丝绒做成的礼服，具有大胆、热情和高贵华丽的表情；红色棉布制作的衬衫具有勇敢、坚定的表情；带蓝味的红色尼龙绸制作的防寒服，具有冷漠、稳重的表情；各种质地的红色运动服、旅游服，能表现年轻人的热情、活跃的性格；带黄味的橘红色T型裙装与白色肌肤相配，产生一种亲切可爱的表情，与黑色肤色相配则产生一种奔放的表情。

二、黄色系列服装

高明度的黄色系服装具有一种物质的白色特征和无重量的特点，所以黄色系衣服能产生飘逸、跃动、华美的表情。黄色服装是黑皮肤人的最佳色彩选择，其强烈的对比效果产生一种奔放的美感。黄色服装也可以是浅肤色人的配色，产生一种可爱活泼的表情。尤其是儿童穿黄色系的服装，好似一只小绒鸭一样可爱。

三、蓝色系列服装

蓝色系服装具有色彩的空间特性。纯度高的艳蓝色服装，具有一种华丽而向内的张力，有收缩体型的错视作用。尤其在冬天，当自然界中生长力量隐藏在寂寞中时，低明度的蓝色具有一种量感，深蓝色的服装显得稳重、深沉，是智慧、能力的象征（图3-9）。

图3—9　蓝色系列服装

四、绿色、紫色、粉色系列服装

绿色、紫色、粉色系列服装均有中性色气质。白肤色的青年人穿黄绿色的服装，有一种欣欣向荣的清爽意味；黑肤色人穿上孔雀蓝或黄绿色的服装，就会产生一种冰冷的孤独意味。华丽的孔雀绿、高雅的橄榄绿、深沉的苔绿等各色服装都有一种复杂、细微的表情，别具一格，选择时一定要以肤色的明度变化为依据。

紫色服装具有一种神秘的感觉，有一种逆向的诱发力，从而产生了矛盾感觉。如红紫色服装具有高贵的感觉，但如果面料低档，会产生卑贱俗气的感觉。而闪光的紫色裙装则显得华丽、妖媚。高明度的淡紫色套装更具有典雅、甜美的感觉（图3-10）。

高明度的粉色套装是年轻女性的理想服装色彩，产生一种墙高、柔美的感觉。深粉色服装更具华丽、大胆的个性。

五、黑色系列服装

给人以优越感和神秘感，是高贵风格的表现方式。如黑色晚礼服、黑色皮革套装、黑西服，都表现出了穿着者的优雅体态和高雅风度。胖体型人穿用黑色服装有变瘦的感觉。各种质地、肌理的黑色服装与人们的肤色相衬托，形成一种高贵而神秘的意蕴，从而使着装者文质彬彬，

图3—11　黑色系列服装

图3-10　紫色系列服装

具有学者风度。但是，黑色同时也是悲哀的象征，是丧服用色。黑色服装以它那高雅的格调，华贵而又包含着质朴的意蕴，创造着现代人们的浪漫风采（图3-11）。

感觉。白色更是人们喜爱的夏季服装用色。纯白色的裘皮大衣，由毛绒绒的质感而产生一种温暖的表情，从而显得雍容华丽，体现了现代妇女超凡脱俗的风采（图3-12）。

六、白色系列服装

现代人把俏丽的白色服装视为高层次的审美象征。西方人视白色象征幸福、纯洁，所以用白色作为婚礼服的颜色。生活中的白色多褶连衣裙，下垂的衣纹造成一种庄重感，表达了少女的心声，好像呼唤那即将到来的青春和希望，又好似纯真的梦幻，让人浮想联翩。中年人穿上一身白色西装，能产生一种难以侵犯、华丽而高雅的

七、灰色系列服装

灰色服装是黑色服装的淡化，是白色服装的深化，所以它具有黑色和白色两者的优点，更具高雅、稳重的风韵。灰色服装的潮流不断更新，由浅淡银灰色太空服装潮流发展为高雅的珍珠灰服装浪潮，所以灰色服装成为青年人的抢手货。由于灰色服装的深沉意蕴，备受男青年的青睐，是向往持重、老成的表现。

图3-12　白色系列服装

Chapter 4

第四章　服装色彩的采
集重构与应用

第一节　色彩的采集重构　▶▶▶

　　色彩的采集与重构的构成方法，是在对自然色彩和人工色彩进行观察、学习的前提下，进行分解、组合、再创造的构成手法。也就是将自然界的色彩和由人工组织过的色彩进行分析、采集、概括、重构的过程。一方面，分析其色彩组成的色性和构成形式，保持原来的主要色彩关系与色块面积比例关系，保持主色调、主意象的精神特征，色彩气氛与整体风格；另一方面，打散原来色彩形象的组织结构，在重新组织色彩形象时，注入自己的表现理念，是构成新的形象、新的色彩的形式。

一、色彩的采集

　　艺术大师毕加索说过："艺术家是为着从四面八方来的感动而存在的色库，从天空、大地，从纸中、从走过的物体姿态、蜘蛛网……我们在发现它们的时候，对我们来说，必须把有用的东西拿出来，从我们的作品直到他人的作品中。"可见，从平凡的事物中去观察、发现别人没有发现的美，逐步去认识客观色彩中美好的色彩关系和借鉴美好的形式，将原色彩从限定的状态中抽出，注入新的思维，重新构成，使它达到完整的、独立的、富有某种意义的创作目的。

　　色彩的采集范围相当广泛。一方面，借鉴古老的民族文化遗产，从一些原始的、古典的、民间的、少数民族的艺术中祈求灵感；另一方面从变化万千的大自然中以及那些异国他乡的风土人情、各类文化艺术和艺术流派中吸取养分。

二、采集色的重构

　　重构指的是将原来物象中美的、新鲜的色彩元素注入到新的组织结构中，使之产生新的色彩形象。

　　采集重构的目的重在体味和借鉴被借用素材的色彩配置。意义在于完成一个有自己的发现和理解的创构过程，在于整个创作过程给予启示。

　　采集重构的方法，有两个不同的表现层次：一是课题性的构成训练；二是以艺术设计为目的的借鉴重构。两者区别表现在前者注重色彩的归纳，后者注重再创造。

1. 色彩解构

　　这里引入解构观念，能使我们在整合色彩的同时，提高分析和解剖色彩的能力，加深对色彩审美意识的培养。解构色彩是探索创造性地运用色彩的有效途径，是通往服装色彩设计创作的一座桥梁。

　　解构一词源自于解构主义。解构主义是指运用现代主义的词汇，却从逻辑上否定历史上的基本设计原则（如美学原则、功能原则、力学原则）所构成的新的艺术流派，有人称之为解构主义，又有人称之为新构成主义。解构主义重视个体、部件本身，反对墨守成规的集合和总体，它认为构件本身就是关键，因而对单独个体的研究比对于整体结构的研究更重要。

　　我们所说的解构色彩，其思路是对所选定色彩对象的原色格局进行打散重组，增减整合后再创作，对原图的色调、面积、形状重新加以调整和分配，抓住原作中典型色彩的个体或部件的特征并抽取出来，按设计者的意图在新的画面上进行有形式美感的概括、归纳和重构，将原有的视觉样式纳入预想的设计轨道，重新组合出带有明显设计倾向的崭新形式。解构色彩包括两个过程：一个是色彩解构，另一个是色彩重构。初始阶段的解构是一个采集、过滤和选择的过程，后续阶段的重构则是将原来物象中的色彩元素注入到新的组织结构中，重组产生新的色彩形象，但仍不失原图的意境。

解构色彩的构成方法是在对第一性自然色彩和第二性人文色彩进行观察、学习的前提下，进行分解、组合、再创造的构成手法。其目的是培养和提高设计者对色彩艺术的鉴赏能力，掌握和运用色彩形式美的法则、规律，丰富和锤炼色彩设计的想象力和表现力(图4-1)。

图4-2　色彩的采集与重构

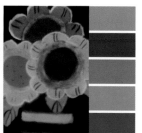
图4-3　色彩的采集与重构　张宇作品

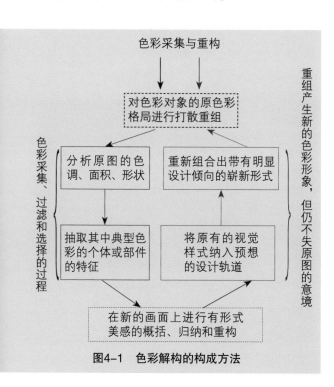
图4-1　色彩解构的构成方法

2. 色彩重构的形式

（1）整体色按比例重构

将色彩对象（自然的和人工的）完整的采集下来，按原色彩关系和色面积比例，做出相应的色标，按比例运用在新的画面中，其特点是主色调不变，原物象的整体风格基本不变（图4-2、图4-3）。

（2）整体色不按比例重构

将色彩对象完整采集下来，选择典型的、有代表性的色不按比例重构。这种重构的特点是既有原物象的色彩感觉，又有一种新鲜的感觉，由于比例不受限制，可将不同面积大小的代表色作为主色调（图4-4）。

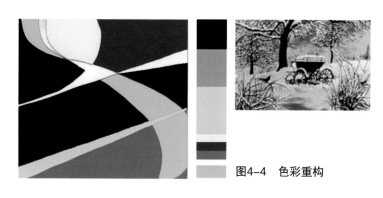
图4-4　色彩重构

（3）部分色的重构

从采集的色标中选择所需的色进行重构，可选某个局部色调，也可抽取部分色，其特点是更简约、概括，既有原物象的影子，又变得更加自由、灵活。

（4）形、色同时重构

是根据采集对象的形、色特征，经过对形概括、抽象的过程，在画面中重新组织的构成形式，这种方法更能突出整体特征。

（5）色彩情调的重构

根据原物象的色彩情感、色彩风格做"神似"的重构，重新组织后的色彩关系和原物象非常接近，尽量保持原色彩的意境。这种方法需要作者对色彩有深刻的理解和认识，才能使其重构后的色彩更具感染力（图4-5~图4-8）。

图4-5　色彩情调的重构

图4-6　色彩情调的重构　陈永钦作品

图4-7　色彩情调的重构
张鑫作品

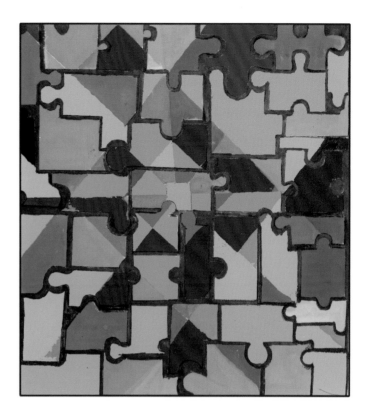

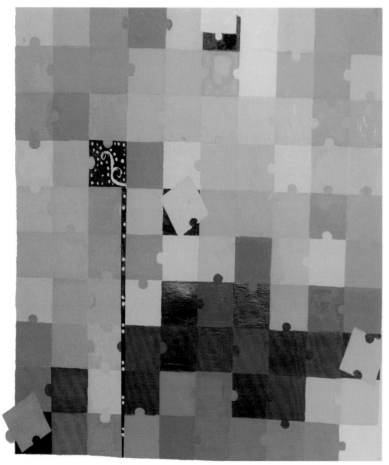

图4-8　色彩情调的重构　童心作品

第二节　源泉色

一、对自然色的采集

　　大自然的色彩变幻无穷，多彩丰富，向人们展示着迷人的美丽。自然色彩，指自然发生而不依存于人或社会关系的纯自然事物所具有的色彩。许多设计师致力于大自然色彩的研究，对各种自然色彩进行提炼、归纳、分析。从取之不尽、用之不竭的大自然中捕捉艺术灵感，吸收艺术营养，开拓新的色彩思路。从多年来国际、国内流行色的发布看，许多色组的提出都是以广阔的大自然为猎取目标的，其中不少色彩也是由动植物、矿物的名字来命名的，如孔雀绿、杏黄、玫红、蟹青、棕灰等。自然色已成为色彩学习中不可缺少的研究对象。

　　具体包括：四季色（春、夏、秋、冬）、动物色（羽毛、鱼类、贝类、蝴蝶等）、植物色（花卉、瓜果、叶草、树木等）、土石色（岩石、泥土、沙滩、砂石、矿石、礁石等）。

（1）四季色

　　春季色彩清澈鲜艳、透明亮丽、带着黄色调的暖色系色彩群，它象征着春天的清新活力与充沛能量。明度和纯度在色调中的位置处于浅色调、亮色调、柔和色调。黄绿、亮橘、杏桃色、杏色、象牙白、浅棕、浅褐色、浅驼色等，透露出愉悦的气息，就像春日里尽情生长的新叶嫩蕊般，充满着与生俱来的动能和自信，神采奕奕的光彩常常会不自觉地流露出来。

　　夏季色彩柔和、含蓄、带蓝色调的冷色系，包含了所有的粉色系与带烟灰感觉（由浅到深）的梦幻色彩群。灰蓝、粉紫、酒红色的云霞，映照着深深浅浅的蓝绿色海洋，令人神往、迷恋。明度和纯度在色调中的位置基本处于粉色调、浅色调、浅灰色调、柔和色调。特征为冷、浊、淡。

　　秋季色彩饱满、浓郁、带有金黄色调的暖色系，给人无限遐想。明度和纯度在色调中的位置基本处于强色调、浊色调、深色调。主要特征为暖、浊、深。当秋意渐浓，山林里盎然的绿意便纷纷化为黄、橙、红的翩翩叶海；午后的秋阳像从宙斯神殿上射下来的金光一样，渲染出史诗般动人的幻象；而那些晚霞夕照、金黄田野，无一不是秋的杰作，把秋色穿在身上，成熟、深邃、温厚、饱含生命力的气息隐约渗入人心。

　　冬季色彩明度和纯度在色调中的位置基本处于粉色调、暗色调、纯色调、强色调、无彩色系。主要特征为冷、鲜、浓（表4-1）。

（2）动、植物色

　　动物世界种类繁多，体表色彩可说是它们的重要特征之一。有着漂亮翅膀及美丽花斑的鸟类、昆虫及蝶类，色彩惟妙惟肖的鱼类，休屯丰富，具有光泽的哺乳类动物。生动、奇妙的色彩组合，也为我们提供了学习和研究色彩的天然色彩宝库。

　　植物的色彩丰富，不同的叶色、花色、果色，枝干，体现出不同的色彩特征，同时植物会随着时间的流逝相应发生季相变化，营造各种令人意想不到效果。植物美最主要表现在植物的叶色，绝大多数的植物的叶片在生长状态是绿色的，但植物叶片的绿色有深浅不同。如垂柳初发叶时由黄绿逐渐变为淡绿，夏秋季为浓绿。春季银杏叶子为绿色，到了秋季则银杏叶为黄色，槭树类叶子在春天先红后绿，到秋季又变成

表4-1 四季色彩

季节	一般色彩表现
春季	红：珊瑚红、桔红、桃红、明红、杏粉、珊瑚粉、桃粉色
	橙：浅金、金橙色 绿：黄绿色系
	蓝：松石蓝色系
	紫：浅紫罗兰
	咖啡：驼色系、浅棕色、咖啡色
	白：象牙白
	灰：浅灰、暖灰
夏季	红：玫瑰红、葡萄红、水粉
	绿：蓝黄绿：水绿、青绿
	蓝：天蓝、长春花、灰蓝、藏蓝
	紫：牡丹紫、柔薰衣草紫
	白：乳白色
	灰：银色、浅灰至中度灰色
秋季	红：褐红、砖红、铁绣红、深杏肉色、深珊瑚粉
	橙：深橙色
	黄：芥茉黄、陶土色、金色
	绿：苔绿色、豆沙绿、酸橙绿色系
	蓝：湖蓝色系、暗绿松石蓝
	紫：茄紫色系
	棕色：咖啡色、褐色、棕色系
	白：深象牙白、黄白
	灰：中明度的灰色系
冬季	红：正红、蓝红、玫瑰红、葡萄酒红、玫瑰粉、冰粉色
	黄：柠檬黄、冰黄
	绿：森林绿、松绿、正绿、冰绿
	蓝：正蓝、藏蓝、海军蓝、热绿松石蓝、冰蓝
	紫：蓝紫、冰紫
	白：纯白
	灰：灰色系、炭灰
	黑：纯黑

红色，这些树木的色叶随季节的不同而变换色彩，使人们感受不同季节时空的变换。植物的花朵美丽诱人、色彩缤纷。开花时节绽放着姿态各异和大小不同花朵，吸引人们的目光（图4-9、图4-10）。

在服装色彩设计中，有的服装利用了四季色彩的特征，表现恰当独特的四季主题；有的服装则利用了鱼类鳞片富有光泽变化的特征；有的利有了豹纹这一具有表现性的色彩，如土黄、金黄、褐色等，体现了服装色彩设计的前卫与大胆；而有的服装则利用了原始森林中不同层次及深褐色调，表现服装色彩的神秘与古扑。

在服装色彩设计中，可以深入寻找存在于我们生活周围的自然色，分理捕捉与利用，并通过富有创意的再次创作与设计，能够帮助我们很好地体现服装色彩设计的主题。

图4-9 植物色彩采集 丁赛作品

...

图4-10 服装色彩中对动、植物色的采集

二、对传统色的采集

所谓传统色是指一个民族世代相传的，在各类艺术中具有代表性的色彩特征。我国的传统艺术包括原始彩陶、商代青铜器、汉代漆器、陶俑、丝绸、南北朝石窟艺术、唐代铜镜、唐三彩陶器、宋代瓷器等（图4-11）。这些艺术品均带着各时代的科学文化烙印，各具典型的艺术风格，各具特色的色彩主调和不同品味的艺术特征。这些优秀文化遗产中的装饰色彩都是我们今天学习的最好范本。

（1）彩陶色

指我国新石器时代遗址中出土的一种绘有黑色和红色纹饰的无釉陶器的色彩。它主要以赤红色、墨黑色、土黄色为主，其次，局部使用粉白色和青蓝色。彩陶艺术的整体风格古朴而粗犷，它形体完美、纹样结构清晰、描绘自如，色彩单纯并以少胜多，是我国原始文化中灿烂的组成部分。

（2）青铜色

指先秦时期用铜组合金制作的器物色彩，包括兵器、工具、炊器、食器、酒具、乐器、车马饰、铜镜、度量衡具等。色彩表现为材料的固有色泽美——青

图4-11 服装色彩中对瓷器色彩的采集

绿色。在青铜器厚重坚硬的质地、以方为主方圆结合的形体、浑朴沉着的色彩以及雄劲刚健的纹饰美面前，有时会油然生起一种似乎是神秘而威严的不可亲近的感情，伴随着这种感情往往还能体验到中华民族伟大的民族气魄和气势磅礴的力量。

（3）漆器色

漆器工艺在我国战国时代应用得相当广泛，有日常生活用具、大件家具、乐器、兵器、丧葬用具等。漆器有轻便、耐用、防腐蚀、可以打磨抛光、可以彩绘装饰等特点，其色彩以黑朱两色为主，大多数是在黑漆地上描绘粗细朱红花纹，也有的再加描黄色、金银色或间以灰绿色、白色菊等色彩。整体技巧除常见的彩绘外，还有针刻（即锥画）、银扣、雕绘结合等。漆器的色彩风格鲜明、热烈、温暖、庄重、富贵。

（4）唐三彩色

唐三彩是唐代三彩陶器的简称。它的釉色以黄、绿、白（略带黄味）、蓝为主，其中蓝色用的较少也较名贵，效果鲜明而饱满，丰富而华丽。唐三彩因最初的基调是白、黄、绿而得名，但并不只限于三种釉色（图4-12）。

（5）青花色

青花是传统陶瓷釉下彩绘装饰，以景德镇陶瓷为代表。青花色彩主要是青、白两色。装饰特点为：一色多变，格料分为五个深浅层次（头浓、正浓、二浓、正淡、影淡），近似墨分五色，使形象有浓淡的淋漓变化。运用写意手法，把国画的笔墨、气韵意境和陶瓷装饰结合在一起，有的白底青花，有的青底白花，形象简练，色彩单纯。传统青花很讲究青白关系，主要规律是"白多于青""青白相映""形象清爽""层次分明"。青花色协调而融洽，给人以清爽而典雅的美感。

传统色彩源远流长，其中伴随着其悠久的历史与文化内涵，表现出磅礴雄浑与细腻之美，是服装色彩设计很好的源泉色（图4-13）。卡

图4-12 唐三彩色彩采集

图4-13　《青瓷》王振华作品

尔·拉格斐曾多次从中国装饰艺术中汲取灵感，如1984年，就以明代青花瓷为主题，设计出一套绣有蓝、白珍珠的晚礼服，迪奥也在2009年春夏高级定制服装中制用青花瓷的蓝、白两色表现了色彩设计的高雅与复古之风。

三、对民间色的采集

民间色是指民间艺术作品中呈现的色彩和色彩感觉。民间艺术品包括剪纸、皮影、年画、布玩具、刺绣等流传于民间的作品。在这些无拘无束的自由创作中，寄托着人们真挚纯朴的感情，流露着浓浓的乡土气息与人情味，在今天看来，它们既原始又现代，极大地诱发了设计师的创造性。

（1）木版年画

传统的木版年画线条单纯、色彩鲜明，多用大红大绿大黄，且以原色为主，少用复色，表现的场面热闹。开封朱仙镇木版年画是中国木版年画的鼻祖。主要分布在开封朱仙镇及其周边地区，另外天津杨柳青、苏州桃花坞、山东潍坊等地年画都受其影响。它用色讲究、色彩浑厚鲜艳、久不褪色、对比强烈、古拙粗犷、饱满紧凑、概括性强。以传统技法构图，画面有主有次，对象明显，情景人物安排巧妙，表现出匀实对称的美感。

就色彩的配置来说，天津杨柳青年画多以粉金晕染，用粉紫、橙、绿较多，设色中加用推晕方法，使画面和谐柔美；山东杨家埠年画重用原色，如红、黄、绿、紫，再加上黑组成基本色，对比鲜明，非常富有表现力；四川绵竹年画全系墨线填彩，多用洋红、黄丹、品绿、桃红、佛青，以浓艳色彩见长，画面鲜丽清亮；陕西凤翔年画强调浓墨、浓紫、大红、翠绿、黄及叠色，色调热烈，有着西北的古朴风貌；广东佛山地区多出产银红和金、银、铜、锡箔等材料，因而在画面上多用红丹做底色，辅以大红、黄、绿，并用金、银钩线，显得绚丽多彩；苏州桃花坞年画惯用红、黄为主色，辅以蓝、绿，再以黑色轮廓线醒色，用色虽不离红、绿等色，但色度多浅淡而素雅。

从总体看，民间木版年画纯色使用较多，

作色技艺的准则是单纯、明丽。像"红离了绿不显""黄能衬五色之秀""紫没有黄不显""红加黄，喜煞娘""睹紫不靠红，蓝可深浅相接""软靠硬，色不楞""粉青绿，人品细""文相软，武相硬""女红、妇黄、塞青、老褐"等这些"画诀"都是老艺人长期的经验积累所形成的一套类型化、程式化的用色方法，也是世世代代民间艺术大师们勤劳和智慧的结晶（图4-14）。

（2）染色剪纸

染色剪纸顾名思义就是彩色点染和剪纸技艺相结合的一种艺术形式，它是剪纸在发展过程中，受到国画、壁画和木版年画等传统绘画艺术的影响，而形成的一种仿佛绘画的民间剪纸造型艺术。它是用白粉纸剪出形象后以几种颜色点染而成。颇具代表性的是河北蔚县的窗花。窗花通常用粉莲纸为原料，以白酒和中药调品色点染，染出的色彩都很鲜艳，但经过一个时期，色彩的褪了，就产生了一层古朴之感。另外，着色时用毛笔蘸以各种颜色，一笔下去产生色彩浓谈的不

图4-14　对民间色的采集

同变化，也是染色剪纸的一种特殊效果。通常点染的颜色有大红、桃红、橙、黄、绿（黄绿、蓝绿）、湖蓝、紫、赭，戏剧人物剪纸还需加上肉色、紫黑色或蓝黑色。如此多的色相，再加上一个颜色的深浅变化，显得丰富又华丽，有浓郁的"乡土"气息。仔细研究这些彩色剪纸，会发现那些印象中貌似一样的五颜六色，实际上在每一幅剪纸中都表现不同，如以蔬菜为主的绿调，以花卉为主的暖调、动物的浓重色调，盆景组合的清秀色调等，用色的最高境界达到色调与画面的情调相结合。染色剪纸总的风格朴实、富于装饰性，既简练又生动活泼，散发着一种纯真、直率的美（图4-15）。

（3）泥人

泥人也称"泥期"或"彩翅"，通常分为陈设小品及儿童玩具两大类。其彩绘方式大体有三种类型：第一种是在白底色上进行彩绘；第二种是在黑底色上进行彩绘；第三种是在红底色上进行彩绘。白底彩绘有河北新城县的"白构泥人"，色彩艳丽，常用淡黄、草绿、大红、桃、黑来彩绝，陕西的"风翔泥人"，色彩对比强烈，有大红、深

绿、桃红、浅黄等色，并以墨线勾画纹样，山东高密县的"聂家庄泥人"，彩绘色用桃红、紫、翠绿等色。并间有金色线纹，颜色常用推晕过渡的方法等。总的色彩特征秀润、明朗、纯艳。黑底彩绘有陕西西安的"泥叫叫"、河南推阳的"泥巴狗"和河南浚县的"泥咕咕"。"泥叫叫"的彩绘颜色一般为大红、大绿、大黄、大白等；"泥巴狗"的装饰纹样多用点线，色彩鲜艳，如白、大红、浅绿、浅黄等；"泥咕咕"的彩绘以白、粉红、浅绿、鹅黄色为主。还有一部分"泥咕咕是以红色（暗红）为底，在上面彩绘大红、紫、绿、黄、蓝色。总体看，白底彩绘秀润、明朗、纯艳；红底彩绘显得热烈；黑底彩绘显得厚重。这些质地朴素自然、装饰生动、设色强烈而欢乐的泥玩具，看起来可能有点稚拙、粗糙、不太合规矩，但正是这许多并不以"创造"为目的的民间美术品，却创造出了最真诚、最自由的美。

民间色彩中有着用之不竭的色彩源泉，如果我们很好地利用与发掘，能够创造出令人意想不到的效果。2011年纽约秋圣的光调，玛切萨这个品牌就成功的利用了中国的剪纸色彩——大红，

图4-15 染色剪纸色彩采集

与精湛的刺绣工艺结合，加之透明的藻纱与蕾丝，体现了中国剪纸色彩的独特意蕴。夏姿·陈在2013年春夏系列服装中大胆地利用染色剪纸中的水蓝、钴蓝、天蓝、金黄、桃江等亮丽的色彩，呈现出具东方民俗色彩与西方时尚语汇的鲜明组合。

四、对绘画色的采集

1. 中国传统绘画色

中国传统绘画色包括水墨色、壁画色及绢画色。近几年来，水墨是中国绘画中最具代表性的一种绘画方式，即以无彩色的黑、白、灰为基色，加上适量有彩色的绘画。墨看似单一，但在表现物象的体积、质感、空间感、意境和色泽明暗等方画有着不可比拟的造型功力。墨具五色，墨与水的结合使黑色显现出焦、浓、重、淡、清的色彩层次。墨、水、笔（毛笔）、纸（宣纸）的相互浑化，带给我们的是勾、皴、擦、点、渲、烘、染等传统绘画特有的笔法以及泼墨、焦墨、破墨、积墨、擂墨等多姿多彩的技巧。

秦汉时期的绘画色彩多是原色，朴拙纯真，自然而轻松。魏晋南北朝时期的敦煌壁画色彩受西域佛教艺术的影响，色相的运用增多，有黑、赭、黄、大红、朱红、石青、石绿等，色彩亮丽而优雅。唐朝在此之上又加入了金、银、铅粉等，使之更加富丽而浓艳，豪迈而奔放。唐代的绘画多用勾线填彩画法，到了晚唐水墨才兴盛起来。宋代是我国绘画达颠峰的时期，也是水墨画的高扬时期。对色彩最大的贡献是色彩的运用方式更加细腻而秩序化，如花鸟、人物、山水、走兽、羽毛等各有不同的赋彩方式，画面色彩较之唐素雅、暗淡一些（图4-16、图4-17）。

2. 西洋绘画色

西洋绘画色彩给人的总体印象一般较为浓艳、厚重和丰富。色彩从古典主义近似单色的使用，印象派客观地对色彩的狂热追求，野兽派主

图4-16　服装色彩对水墨色的采集

观地色彩运用，到立体派特色彩作各种分析、组合、简化和装饰，超现实主义注重色彩的心理反映，风格派最纯粹的原色使用，清楚地展现出一条西洋绘画色彩的发展变化轨迹，变化的结果应该说是艺术探索的必然产物。一部绘画史，也是一部色彩的历史。

古典主义绘画，偏重理性，注意形式的完美，重视线条的清晰和严整。古典主义在法国著名画家大卫和安格尔的领导下达到顶峰。大卫的代表作有《马拉之死》，安格尔的代表作有《泉》等。他们的创作体现出古典主义的风格。古典主义风格是17世纪至19世纪流行于欧洲各国的一种文化思潮和美术倾向。它发端于17世纪的法国，先后有三种不同的艺术倾向。一主要是对古希腊、罗马古典作品艺术风格的怀旧与模仿之风，以普桑代表的崇尚永恒和自然理性的古典主义。从狭义上讲，有把18世纪末至19世纪初，法

图4-17 水墨色创意设计

国大革命时期兴起的怀旧风格作为第二倾向，以达维特为代表的宣扬革命和斗争精神的古典主义。三是以安格尔为代表的追求完美形式和典范风格的学院古典主义。古典主义作为一种艺术思潮，它的美学原则是用古代的艺术理想与规范来表现现实的道德观念，以典型的历史事件表现当代的思想主题，也就是借古喻今。古典主义绘画以此精神为内涵，提倡典雅崇高的题材、庄重单纯的形式，强调理性而轻视情感，强调素描与严谨的外表，贬低色彩与笔触的表现，追求构图的均衡与完整，努力使作品产生一种古代的静穆而严峻的美。在技巧上，古典主义绘画强调精确的素描技术和柔妙的明暗色调，并注重使形象造型呈现出雕塑般的简练和概括，追求一种宏大的构图方式和庄重的的风格、气魄。

印象主义是19世纪后期产生于法国的一种艺术思潮和流派，印象主义画家根据光色原理对绘画色彩进行了大胆的革新，打破了传统绘画的褐色调子，彻底反对官方学院派艺术的统治，后来成为以法国为中心的欧洲美术运动的主流。早期印象派分为两派，以莫奈为代表的注重色彩，以德加为首的注重形体造型。后印象派认为绘画不应拘泥于客观自然主义的描写，强调主观理性和自我情感、个性的表现。把对自然清新生动的感观放到了首位，认真观察沐浴在光线中的自然景色，寻求并把握色彩的冷暖变化和相互作用，以看似随意实则准确地抓住对象的迅捷手法，把变幻莫测的光色效果记录在画布上，留下瞬间的永恒图像。这种取自于直接外光写生的方式和捕捉到的种种生动印象以及其所呈现的种种风格为一切色彩皆产生于光，于是他们依据光谱赤橙黄绿青蓝紫七色来调配颜色。由于光是瞬息万变的，他们认为只有捕捉瞬息间光的照耀才能揭示自然界的奥妙。因此在绘画中注重对外光的研究和表现，主张到户外去，在阳光下依据眼睛的观察和现场的直感作画，表现物象在光的照射下，色彩的微妙变化。由此印象主义绘画在阴影的处理上，一反传统绘画的黑色而改用有亮度的青、紫等色。印象派绘画用点取代了传统绘画简单的线与面，从而达到传统绘画所无法达到的对光的描绘。具体的说，当我们从近处观察印象派绘画作品时，看到的是许多不同的色彩凌乱的点，但是当我们从远处观察他们时，这些点就会像七色光一样汇聚起来，给人光的感觉，达到意想不到的效果（图4-18）。

绘画色彩是服装色彩设计中不可或缺的色彩源泉，我们可以借鉴其富有表现力的色调及色彩组织形式，装饰于服装。早在1965年，伊夫·圣罗兰就利用了蒙德里安画作中的红、黄、蓝、白几何色块，推出了一系列女士短裙，成为一种时尚的流行元素，在罗达特2012年春夏女装系列中，利用梵高的《向日葵》《星夜》等名作中的金黄、钴蓝、天蓝、高绿等夸张的色彩，以印花、刺绣等形式，使服装成为极富有的华丽艺术品。

五、对图片色的采集

图片色指各类彩色印刷品上好的摄影色彩与设计色彩。图片内容可能是繁华的都市夜景，也可能是平静的湖水，可能是秋林的红叶，也可能是红花绿草，可能是高耸的现代建筑物，也

图4-18　服装色彩中对印象主义色彩的采集

可能是沧桑的古城墙，可能是一堆破铜烂铁，也可能是金银钻戒等，图片的内容可以包览世上的一切，不管它的形式和内容怎样，只要色彩美，就值得我们借鉴，就可以作为我们采集的对象。除上述内容外，绘画色也值得我们学习和借鉴，从水彩到油画，从传统古典色彩到现代印象派色彩，从拜占庭艺术到现代派艺术的色彩，从蒙德里安的冷抽象到康定斯基的热抽象等。此外，我们还应放开视线，扩展到世界这个大家庭中，从埃及动人心弦的原始色彩到古希腊冰冷的大理石色调，从阿拉伯钻石般闪亮的光彩到充满土质色调的非洲，从日本那审慎的中性色调到热情而豪放的拉丁美洲的暖色调等，这些都将激发我们学习色彩的灵感（图4-19~图4-22）。

图4-20　图片色的采集

图4-21　图片色的采集

图4-19　图片色的采集

图4-22　图片色的采集

六、其他

我国56个民族，其服饰色彩各不相同，所反映出来的色彩感也极其丰富。许多少数民族妇女的服饰大都由色彩斑斓、大红大绿的衣料制成，具有浓郁的民族特色。如云南峨山、新平、石屏县的彝族"聂苏"支系的花腰妇女衣裤，喜用对比强烈的两种以上色布拼接而成，全身以红色为主，红黑相间，杂以绿、蓝、白等色，鲜艳悦目，美不胜收。另外，背部饰有五色条布合成并绣上各种花纹图案的彩虹带，表示太阳光芒向四周发射。各民族服饰色彩体现出不同的风格特点，给人以不同的审美感受。独龙族的服装给人以简朴粗犷的印象；苗、瑶、布依等民族服饰，做工精细，色彩艳丽，极富装饰意味，多以黄、红、蓝、绿、白等对比强烈的色彩，运用织、绣、挑、染等工艺，色彩艳丽而协调，图纹繁多又不显紊乱，显示出妇女们特有的艺术才华及其审美心理。服饰色彩成为各民族表达审美情感和审美理想的有力工具。

我国少数民族服饰的色彩大致可归纳为三大类型：其一，以五色斑斓的大红、大紫、大蓝、大绿为装饰特点，其色调层次十分明显，色块间所形成的对比和反差较大，因而视觉冲击十分强烈；其二，服饰色彩虽鲜艳明丽，却不繁缛杂乱，一般以浅色调为主，表现的是一种优雅恬淡的审美情调；其三，崇尚黑色和蓝色，在服饰上常以此作为主色调，显得庄重严肃、沉稳朴实。

我国古代建筑，无论是单体建筑的色彩运用还是群体建筑的色彩组合搭配都是非常成功的，形成了一套独具特色的色彩系统，其特色之一便是彩画的大量使用而使建筑色彩鲜明华丽。据宋《营造法式》卷三十四记载，彩画的种类分为五彩、青绿、朱白三大类。朱白色系配上灰瓦很可能是唐朝建筑的主色；北宋绿色琉璃瓦大量生产后，唐代以赤白装饰配以灰色的做法就显得单调而不相称，因此建筑外观开始趋向华丽，梁枋斗拱也随之变为宋朝流行的青绿系统，使檐下更为森肃清冷，整个建筑外观更加明确生动；明朝宫殿黄绿瓦面、青绿梁枋、朱红墙柱、白色栏杆的风格，更成为中国古代木构建筑在一般人心目中的典型色彩特征。这种大面积使用朱、青、黄、白、金等原色的方法，效果强烈鲜明，在对比中寻求协调统一，正是明清官式建筑用色的成功之处。

西方建筑如希腊罗马时期，崇高的英雄主义之美是人们的审美理想，建筑造型拙朴完美，建筑色彩强烈华丽，多采用明快的对比色以表达欢乐的情绪。伊瑞克神庙中，爱奥尼克柱头的盘蜗被涂上红色再加金边，与蓝色的圆鼓形成对比。到罗马时期，建筑材料已使用了砖、石灰、混凝土、金属材料和大理石等，因此建筑的色彩也更加丰富。中世纪欧洲的拜占庭、罗马风以及哥特式建筑则更多注重形式。与古典时期对比，色彩显得阴暗、沉重。15世纪以后的欧洲文艺复兴时期，建筑的色彩也由灰暗的色调转为明朗。但是对理性的过分强调，使文艺复兴后期的建筑风格趋于僵化。被称为"畸形珍珠"的巴洛克风格，是对这种僵化形式的突破，在色彩的使用上表现为用色大胆，对比强烈。

Chapter 5

第五章　服装色彩整
体设计原则

第一节　服装色彩设计的构思方法　▶▶▶

一、服装色彩设计的构思

　　构思，指作者在写文章或创作文艺作品过程中所进行的一系列思维活动，包括确定主题、选择题材、研究布局结构和探索适当的表现形式等。在艺术领域里，构思是意象物态化之前的心理活动，是"眼中自然"转化为"心中自然"的过程，是心中意象逐渐明朗化的过程。无论是在生活还是艺术领域里，都需要进行设计。谈到设计，就离不开人的一系列思维活动，离不开构思。"运筹帷幄之中，决胜千里之外"，这种心灵上的运筹过程就是构思。所以，构思在人们的生活和艺术创作中具有统筹和指导性意义。

　　服装色彩设计是一个艺术创作的过程，是艺术构思与艺术表达的统一体。服装色彩在服装设计中起着举足轻重的作用，色彩的灵感更是服装色彩设计中的灵魂。宇宙的无穷变化产生着黑夜与白天，蕴含着风、雨、雷、电，运转着春、夏、秋、冬，造化着江河湖海、森林草木、戈壁高原。而宁静的乡村，繁华的都市，五光十色的风土人情，轰轰烈烈的时代变革以及悦耳动听的现代音乐，风采多姿的古代建筑等自然社会中的一切，都为服装设计师们开阔了视野、丰富了想象，是服装设计师创作的源泉。

　　设计师一般先有一个构思和设想，然后收集资料，确定设计方案。其方案主要内容包括：

　　① 首先确立服装色彩的主题，围绕主题根据特定因素与条件，例如：性别、年龄、季节、用途、服装风格等，进行一系列市场调查，收集相关流行资讯，以确定服装色彩的设计定位。

　　② 根据服装色彩的设计定位，进行服装设计色彩设计的协调构思。例如：整体与局部、色彩与款式、色彩与面料、服装与配饰构思等。

　　③ 画出若干服装色彩设计方案草图，力求创意新颖。

　　④ 对设计方案草图进行全面地分析与比较，从中选出理想的方案，进一步修改设计达到完美。

　　⑤ 确定具体方案后，利用可以恰当表现色彩设计的绘画工具和表现手法，以服装效果图的形式完整表现设计意图。

　　⑥ 最后根据效果图选择相应的服装面料，将服装色彩设计的进行可视性实现，完成服装色彩设计的全部过程（图5-1、图5-2）。

图5-1　服装效果图

图5-2 服装效果图 黄镜润作品

二、服装色彩创意

创意服装究竟是什么？是设计师通过对已有的服装样式进行重新审视，在思想上超越自我，在手段上超越以往，最终所获得的一种全新的服装样式。创意服装具有新颖性、前瞻性和开创性。创意服装色彩则是烘托创意主题，完善创意服装标新立异效果的重要手段，因此，它也具有新颖、独创、不墨守陈规的特点。

在构思创意服装时，服装色彩的创作灵感寻求是整个设计过程中的关键环节，但前提是要准确把握服装创意主题的风格和色彩搭配之间的关系，只有这样才能使最终的设计作品在各方面都呈现出风格统一而和谐的完美效果。

创意服装色彩构思可以包含三个步骤：色彩创意主题分析和灵感汲取，色彩故事描述，色彩与面料和造型的配合。

1. 激发服装色彩创意灵感的方法

（1）观察分析法

在进行服装色彩创意的过程中，观察分析是至关重要的。这里所指的观察不是一般的观看，而是有目的、有计划、有选择地去观看和考察特定的事物及对象。通过深入观察，可以从特定的事物和对象的表面现象中发现不寻常的东西，可以从看似无关的东西中找到与创意目的之间的相似点。在观察的同时还要进行分析，只有进行理性的分析，才能激发服装色彩创意灵感，形成新的服装色彩创意思路。

（2）展开联想法

联想是因一事物而想起与之相关事物的思想活动，是服装色彩创意中不能缺少的关键环节。设计师的心理活动带动了丰富的色彩联想，并根据这些联想展开色彩创意的活动。

（3）动手实践法

色彩实践是激发色彩创意灵感的外在动力。在实践过程中，由于迫切需要解决问题，就会促使设计师积极地动脑思考、钻研探索，通过对过去实践经验的总结与升华带动新的创意灵感产生，从而获得全新的色彩创意构想。

（4）情绪激荡法

积极而活跃的情绪，能够调动全身心的巨大潜力去创造性地解决问题。在活跃的情绪带动下，设计师的注意力、观察力和想象力都会得到最大程度的激发，从而产生出一股强烈的、不可遏止的创造冲动。

（5）判断推理法

判断与推理有着密切的联系，是互为依存的关系。在进行色彩创意过程中，设计师通过对所观察的事物和现象进行理性的判断和推理，整理出有用的资讯，激发灵感，形成创造性构想。

2. 色彩故事描述

创意服装的色彩故事可能是一个颜色，也可能是由一组或多组颜色构成。要根据选择的色彩是否能够充分地对创意服装进行阐述和烘托而定。

色彩故事的描述方式主要有两种：一种方式是利用色彩的联想以及色彩的象征性来表现主题风格；另一种方式就是从那些表述主题风格的图片中直接进行色彩提炼。

3. 色彩与面料和造型的配合

当创作主题明确，且色彩故事描述准确后，接下来就是进行色彩和面料以及造型之间配合的工作了。由于色彩、面料和款式造型是构成服装的三大要素，因此，色彩和其他两个要素之间的关系直接决定了服装的整体风格、气氛和效果。

第二节　服装色彩的配色原理 ▶▶▶

服装色彩与音乐相似，都是一种美的感受，合理的服装色彩配色会给人一种感觉、一种情感、一种气氛，或高雅或世俗或拘谨或奔放、或冷漠或热情、或亲切或孤傲、或简洁或繁复。配色时最先考虑的往往是色彩性格的调和，当然，还要与色彩的形、面积、位置等相互的比例、均衡、节奏等要素同时进行考虑，这钏才会将服装色彩设计给人深刻印象。

1. 色彩性格的调和

由于服装色彩和面料质感的紧密结合，有时从理论上讲是不调和的，但实际上却是非常美的配色，即所谓色彩性格的调和。在服装上应包括面料质感的调和，同一、类似、对比等情况也同样适合于面料质感的表现。由于时代、环境、造型种类不同以及欣赏者的要求不同，对具体的面料质感与色彩感觉就不一样。作为服装专业人员，除了要具备一定的色彩学的理论知识外，还要能在实践中准确地把握时代的脉搏，适应周围的环境和社会气候，了解消费者的心理状态和审美水平。

2. 色彩面积比例尺度

色彩面积的比例关系直接影响到配色的调和与否。无论是同一、类似还是对比调和，关键在于如何掌握面积比例这个尺度。在对比调和中，要考虑色相、纯度、明度三个方面。就色相对比来讲，两个色相面积比例的安排就直接影响着是否调和。"万绿丛中一点红"是一种很美的配色效果，原因就在于绿和红的面积是万与一之

比，一个是绝对优势，处于主导地位，一个是点缀色，处于从属地位。在纯度对比中，纯度低的色面积应大于纯度高的色面积；在明度对比中，可根据情况灵活掌握，明度高的和明度低的以1:1的比例相配时，可产生强烈、醒目、明快的感觉；明度高的为主时，是高调配色，能创造明朗、轻快的气氛；明度低的为主时，是低调配色，能产生庄重、平稳、肃穆的感觉（图5-3）。

3. 色彩的统一变化

统一，以调和而言，就是同一和类似，是相似物体之间的协调。但过于统一就会显得呆板、没生气。统一，性格向心；变化，性格离心。但变化得过分，配色会陷于混乱、无秩序。因此，服装上的配色数量不易过多，承担主角的色彩数量

图5-3　服装色彩的比例

图5-3　服装色彩的比例

越少越好，一般以1~2色为宜。这样，配色容易形成一个明确而统一的色调，若再加上适度的点缀色，在统一中求得变化，即可创造一个既有秩序又有生气的色彩气氛。统一中有变化应是服装设计贯穿始终的重要方法之一（图5-4）。

4. 色彩均衡

　　均衡这个力学上的名词，运用到服装配色上，是指色彩在人们视觉心理上产生的稳定性。如前所述，色彩在视觉上除了色相、明度、纯度外，还有冷暖、前后和轻重的感觉。因此，在配色时就出现了平衡或不平衡的感觉。均衡有以下几种情况：衣服上各种色彩的强弱、轻重能在视觉上取得的平衡美；为了追求变化和动态，服装有时采用不对称的形式，而用色彩取得的非平衡美；在色彩上没有取得平衡，造型上也不对称的不平衡的均衡美。平衡除面积比例外，还有量的比例。由于色彩的前进后退感、膨胀收缩感，加上不同质地面料所产生的量，就不是单靠面积比例所能解决的。因此，在考虑面积比例的同时，还要考虑色彩量和质地量的比例关系，以求在感觉上取得均衡。上下的均衡，上轻下重有安定

感，上重下轻处理好则会产生一种动感，达到有生气的新的均衡，产生一种不平衡的美。

5. 色彩律动

　　律动本来是指在音乐或舞蹈中，音乐或舞姿随着时间而变化时，能够以听觉和视觉感知到的重复出现的强弱、长短现象，是时间艺术用语，被借用到造型艺术上，来描述视觉上重复出现的强弱现象。服装是运动着的状态，随着人体的动作就会产生出多种多样的律动来。镶边、波浪装饰的使用纽扣的排列等都可以看到律动。在配色上一般有下列三种律动：通过重点重复产生节奏；把色相顺次排列，或同一色相以不同明度或彩度阶梯状地渐变所产生的律动感；有些律动更加复杂、更富有变化，律动感较弱。这些节奏往往是以视觉次数的重复来获得的。律动有不同的性格，单调的重点重复，产生强烈的律动；复杂的、变化丰富的律动，虽律动感较弱，但富有魅力、耐人寻味（图5-5）。

6. 色彩的关联性

　　色彩的关联性指服装中外套、衬里、内衣、裤子、头巾、纽扣、首饰等之间的色彩呼应关系。相配色之间互相照应，你中有我，我中有你，这是服装

图5-4　色彩的统一变化

图5-5　服装色彩的律动

配色中最常考虑的调和手法之一，尤其是有花纹的面料搭配。比如一件白地起黑、红小花的上衣，从原理上讲，下衣裙子取上衣的任何一个色——白、黑、红都是协调的，究竟选什么色，要取决于什么人穿，不同的选择会形成几种截然不同的服装色彩风格，鞋、帽、腰带、丝巾、包、首饰的色彩选择均如此。但一定要掌握好色彩的主次关系，使黑、白、红三色相互交叉，从而获得一种既统一又丰富的效果。选色时注意取花色面料中较为明显的色彩，这样视觉上才易获得联系。如果服装中各部位的色彩都实现了关联，一种色或一种感觉的色多次出现，则将产生重复的节奏和韵律。

7. 色彩的强调

这是把人们的注意力吸引到服装的某一部分，在统一中谋求变化的手段之一。服饰用品的使用是最常见的方法。服装的重要部位，如领部、肩部、胸部、腰部等处的配色应首先抓住人们的注意力。每套衣服的点缀部位不要过多，以一至两处为宜，多则乱会分散注意力，冲淡整个色彩效果，所谓"多中心即无中心，多重点即无重点"。

8. 色彩的间隔

紧邻的色彩之间对比过于强烈、过于相似，都会产生不调和或无生气的感觉。这些色之间用无彩色的黑、白、灰或中性色金、银以及有彩色的邻线加以隔离，就会产生意想不到的效果。这也是服装配色中常见的一种手法。有时，一条腰带的巧妙使用，也会使不调和的状态别开生面（图5-6）。

图5-6　服装色彩的间隔

9. 肤色不可忽视

　　服装是人着衣后的状态。在考虑服装配色时，必须把服用者的肤色作为一个配色条件来考虑。肤色影响着衣服、鞋帽、围巾、手套及其他配件的色彩。服装的配色应"扬"其长，"避"其短。服装色彩的审美是一种客观存在的人为关系，是一种主客体之间和谐自由的审美关系，它对人的形象与气质起着举足轻重的作用。在各种因素的协调关系中，肤色是决定服装色彩设计意识的主体依据。由于人种的不同，人类肤色的差异也很大，有白皮肤的人、黄皮肤的人、黑皮肤的人等。即使在我国，虽然基本上属于黄种人，但人与人的肤色也有偏白偏黑的差异。但严格来说，由于人在自然界的活动，形成了自然界四季色彩对人肤色的影响，所以人的肤色也不是一直不变的。人的肤色随着四季的变化而改变，例如：春天，阳光明媚，在暖融融的气氛中，人的肤色相应地呈现出粉黄色，像盛开的花朵，所以许多人春装的选择喜欢以清新的杏黄色为基调，像金黄色、

桃色、桃红色、金褐色、淡蓝色等都与春天的气氛相和谐；夏天，天空晴朗、树木葱绿，人们的肤色倾向于米黄色，服装的色彩应选择以蓝色、玫瑰色、灰色为基调，像浅蓝色、淡粉色、褐色、藏青色、红色、淡紫色、玫红色等；秋天，呈现出一派生动强烈的色彩气氛，人们的肤色因人而异，白皙肤色的人以象牙色为主，黑皮肤的人以古铜色居多，所以服装色彩应该选择以金黄色为基调，像米色、桔黄色、深褐色等；冬天，大自然的色彩是冷色调，人们的肤色多数为灰褐色或米色，所以服装的色彩应选择以蓝色、玫瑰色、灰色为基调，像藏青色、黑色，红色，灰色等。

　　在服装色彩的构成中，一般以肤色的明度变化为主色调，以服装色彩的色相、纯度、面料的肌理、面积、形状等因素为副色，构成综合对比的色彩效果。比如白皙肤色和深色服装相配色，可以形成明度对比配色；又如白粉色肤色穿淡黄色的服装，构成同一调和的配色。在配色中，肤色与面料的色彩也要作到明度对比，尽量避免肤色与面料色彩的弱对比而造成人的精神萎靡不振的土气效果。

第三节　服装色彩的整体设计

一、根据主题进行设计

在服装设计中，主题可理解为对作品的整体设想，即具体设计前所拥有的特定要求和设计中贯穿始终的宗旨。也就是说，一套较为完美的服装作品，从它的颜色确定，到款式造型、面料、配饰的选用等要围绕着一个中心来构思，一切服从主题并为主题服务。这里我们不妨称其为"主题先于形式"模式。在设计过程中，它规范了设计者的创作过程与思路，对于观众来说，主题还起到一种"导购"作用，它使观者顺利地进入设计者预想的心理氛围，在欣赏作品过程中与作者达到共鸣。作为服装设计三大要素的色彩，对作品主题的表达和烘托，可以说是最有力和最有效的武器。例如：2013~2014年秋冬服装色彩三大流行主题之一"寻找温暖"，秋冬季节，天气转冷，大众急需温暖来御寒，包括服饰的色彩视觉效果。无论是热烈喜庆的经典大红、狂野性感的淡红、璀璨夺目的金属红，还是温暖舒适的粉红，都能点亮生活新篇章。在这一主题中，如番茄红、猩红色、葡萄酒色、红橙色是重点突出的暖色调。鲜艳欲滴的番茄红打造出热情洋溢的女装款式；猩红色成为除了番茄红之外的又一流行红色系色彩；经典的葡萄酒色给款式增添复古的魅力；活力四射的红橙色依旧是柑橘类水果色系中的关键。一组充满暖意、浓厚的自然风格色板，带给人们从头到脚的优越感和新鲜感。另外，朝着健康、贴近自然的方向发展的温感色系也会是表现这一主题的色调。

服装作品的主题有哪些呢？它的确立可大、可小，可用抽象的概念也可用具体的物象，可以惊天动地、也可平淡如水，可以是纯文化艺术式的，也可是纯实用的。最后，只有当作品在色彩整体的搭配上、款式各个部位的协调处理上、面料和工艺的选择加工上都与主题相符合时，设计才算圆满。

二、从局部到整体的设计

如果说"根据主题进行设计"是整体到局部（从大到小）的构思设计方法的话，那么这部分内容正好与此相反，是局部到整体（从小到大）的构思设计方法。此方法不像第一种有一个明确的主题，事先对最后的结果有一个整体的设想。而这种方法往往只是从一个局部出发，如一块肌理新颖的面料、一条时髦的短裙、一顶可心的帽子、一个别致的首饰，或者是受某种材料的质地、色彩或图案的启发，逐渐扩展到全部。我们不妨称其为"形式先于主题"模式。这里局部成为设计师灵感的发源地，也是设计中唯一的条件和要求。一块好的面料往往能给设计师带来创作的激情，给观者带来消费的欲望。因此，对于许多女性和设计师而言，逛商场、购买料子可以说是一大嗜好。从面料这一局部特征开始考虑入手，经过精心策划、因势利导，逐步调节面料与之关联的其他造型、配色等要素，使部分与部分、部分与整体之间达到相互呼应，从而构成一个完整的、有时甚至是意想不到的崭新的服装形象。就一块面料的色彩而言，首先要分析它的色性，是冷色系还是暖色系，是红色调还是橙色调，是蓝灰色还是灰蓝色，是素色料还是花色料等问题，这将对整体色彩的发展起着指导性和决定性的意义。假如面料的色彩是乳白色，那么设想一下服装最后的效果是柔和的高短调、还是强烈的高长调以及不强不弱的高中调。不同的明度调子决定着用以搭配的色彩的深或浅。乳白色略偏暖昧，要想获得高短调效果，可与浅黄、浅驼、浅茶等色彩组合；乳白色与中明度的土黄、驼、豆沙、橄榄绿等相配可得到高中调效果；若要反差大的高长调，就要与低明度的咖啡色、棕色、藏蓝色等相配。如果摆在面前的是花色料子，其搭配色可直接从花色中提取，一个色或两个色都可；另外，还可根据花色色组的基本调子倾向选择搭配色。实际上，很多时候还

会有这样的现象，比如你有一件称心的短裙，需配一件合适的上衣和一双鞋；有时，一个新颖的领型、一个别出心裁的首饰，立即会使你联想到与之协调的服装造型及色彩风格。这些由局部到整体的设计方法，是我们平常最易接触到的、很普通的设计手段。

应该说，以上两种方法无论是哪一种，其"整体"观念的树立都是极为重要的。第一种如没有整体的设想，局部就无从下手；第二种如没有整体的观念，局部也无方向发展。俗话说："远看颜色近看花"，对于一套服装来讲，一个好的色彩气氛是最易给人留下整体感觉的，尽管有的局部设计并不十分理想，但在这种大的色彩环境中也就不太引人注意了。

第四节　根据服装风格进行色彩设计　▶▶▶

随着时代的进步，科技的发展，思想的解放，人们更注重追求个性。一成不变，由一种风格统领十几年的时代已经不复存在。20世纪90年代以来，流行服装的一个显著的特点就是进入了一个追求个性与时尚的多元化时代，各个历史时期、各个民族地域、各种风格流派的服装相互借鉴、循环往复，传统的、前卫的、各种新观念、新意识及新的表现手法空前活跃，具有不同于以往任何时期的多样性、灵活性和随意性。与设计师的建议相比，人们更看中的是自己的生活方式及自己所属的那个团体的特征。如今，人们在着装时不只是要表现一种视觉效果，还要表现一种生活态度、一种观念和情绪。因此作为流行时尚的诠释者，要对多种审美意向和需求保持高度的敏感性，并能够透过流行的表面现象，掌握其风格与内涵。

一、服装风格

风格原意是指文学创作中表现出来的一种带有综合性的总体特点。就一部作品来说，可以有自己的风格；就一个作家来说，可以有个人的风格；就一个流派、一个时代、一个民族的文学来说，又可以有流派风格（或称风格流派）、时代风格和民族风格。其中最重要的是作家个人的风格。风格是识别和把握不同作家作品之间的区别的标志，也是识别和把握不同流派、不同时代、不同民族文学之间的区别的标志。

服装风格指一个时代、一个民族、一个流派或一个人的服装在形式和内容方面所显示出来的价值取向、内在品格和艺术特色。服装设计追求的境界说到底是风格的定位和设计，服装风格表现了设计师独特的创作思想，艺术追求，也反

映了鲜明的时代特色。服装风格由款式造型、色彩、面料（质地与图案）、配饰等综合构成。

二、主要特征

1. 古典主义风格

　　主要指具有古典主义特征的合理、单纯、适度、制约、明确、简洁和平衡的艺术作品风格。款式都带有传统特色，如细腰、宽裙摆、长裙，通常配有帽子、精巧的皮包等。古典主义风格的主要优点就是它不使用诱惑人的手法，其对单纯简朴风格的崇尚是纯洁的、理性的。在古典主义者看来，装饰不仅是一种对于浪费的嗜好，而且是对理性的冒犯，一种不必要的冒犯。造型以人体自然形态为基础，简单、朴素，结构对称。色彩单纯，多选用常用色彩，如无彩色、褐色系列、含灰色、深蓝色、酒红色、深紫色等，色调充满了高贵、优雅、神秘之感，面料质朴，图案简洁。

2. 浪漫主义风格

　　它源于19世纪的欧洲，主张摆脱古典主义过分的简朴和理性，反对艺术上的刻板僵化。它善于抒发对理想的热烈追求，热情地肯定人的主观性，表现激烈奔放的情感，常用瑰丽的想象和夸张的手法塑造形象，将主观、非理性、想象融为一体，使用品更个性化、更具有生命的活力。浪漫主义风格服装的设计强调在遵循最为基本的形式组合规律的基础上打破僵硬的教条而追求幻想和戏剧化效果。常用复古、怀旧、民族和异域等主题，造型夸张独特，线条或柔美或奔放，常见有非对称和不平衡结构，色彩明亮多变，图案缤纷斑斓，面料追求自然和质感对比。装饰手段丰富，毛边、流苏、刺绣、花边、抽褶、荷叶边、蝴蝶结、花结和花饰等20世纪90年代的浪漫主义风格，又不同于80年代末那种追求装饰的人工主义，而是更趋自然柔和的形象、浅亦淡的色调、柔和圆转的线条、轻柔的材质，表现的是一种怀旧的情结。这一风格的色彩多以明亮、浅淡、柔美的色彩来表现，取材广灵感可来自池畔、喷泉、浴池或来自珊瑚等等，甚至来自晶莹剔透的气泡。

3. 民族民间风格

　　从大的来讲是强调不同国度的异域情调，从小的来说是对民间传统着装风格以及各少数民族装束与色彩的学习和借鉴。如法国人喜欢红、蓝、白三色；美国人喜爱鲜蓝、鲜红、褐色；德国人喜爱

图5-7　以法国人喜欢的红蓝白为基调的服装色彩设计

淡粉红或偏紫的粉红色等。民族民间风格的体现常常是以配饰物的变化为主，如腰带、围裙、头巾等，给人以新奇之感。当然，有图案的面料有时也会显得很重要。在1997年的国际流行舞台上，随着西方简约和冷漠设计形式的淡出，继之而起的是充满装饰意趣和神秘魅力的东方风格。如印度、中国、吉卜赛等风格，异彩纷呈，一片金碧辉煌，人们在其服饰的繁花似锦的装饰图案里，在缤纷色彩的跃动下，在柔美轻盈的面料里，尽显民族风格的特色（图5-7、图5-8）。

4. 东方风格

东方国家的服饰文化极富特色，中国的旗袍、盘扣、龙纹图案，印度的纱丽以及东南亚风格的印花图案、自然花纹、克里姆特式的神秘的东方纹样等，都很受今天东西方设计师的青睐。东方色彩浓艳而厚重，如砖红、大红、绿红、金黄、中黄、草绿、群绿、靛蓝色、青莲、金银等（图5-9~图5-12）。

5. 田园风格

"返归自然"的口号，最早出自法国思想家卢梭（1884-1910，他推崇天真稚气，主张从主观感受出发，标榜人的原始本性），后来成为19世纪复兴文艺运动的一个口号，20世纪90年代以来，也一直是现代流行服装的表现主题之一。田园风格的设计，是追求一种不要任何虚饰的、原始的、纯朴自然的美。现代工业对自然环境的污染破坏，繁华城市的嘈杂和拥挤以及快节奏生活方式给人们带来的紧张繁忙、社会上的激烈竞争、暴力和恐怖的加剧等，都给人们造成种种的精神压力，使人们不由自主地向往精神的解脱与舒缓，追求平静单纯的生存空间，向往大自然。而田园风格的服装，宽大舒松的款式，天然的材质，为人们带来了有如置身于大自然悠闲浪漫的心理感受，具有一种悠然的美。这种服装具有较强的活动机能，很适合人们郊游、散步和各种轻松活动时穿着，迎合现代人的生活需求。

图5-8　民族民间风格配色

图5-9　东方风格配色

图5-10　以东方风格为基调的服装色彩设计

图 5-11 《东方韵》 王振华作品

图5-12 以东方风格为基调的服装色彩设计

田园风格的设计特点是崇尚自然而反对虚假的华丽、繁琐的装饰和雕琢的美。风格朴素，气质洒脱，有无拘无束之感。其造型粗犷，穿着舒适。那些层次感强的款式，花边装饰、花卉图案，自然的色调，如米色、淡褐色、土棕色、驼色、原野绿、竹青色、灰蓝色等，加上朴实艳丽的花草，构成了一幅浪漫、田园诗歌的画面（图5-13、图5-14）。

6. 运动休闲风格

休闲是指在非劳动及非工作时间内以各种"玩"的方式求得身心的调节与放松，达到生命保健、体能恢复、身心愉悦的目的的一种业余生活。由于现代人生活节奏的加快和工作压力的增大，使人们在业余时间追求一种放松、悠闲的心境，反映在服饰观念上，便是越来越漠视习俗，不愿受潮流的约束，而寻求一种舒适、自然的新型外包装。运动休闲具有明显的功能作用，以便在休闲运动中能够舒展自如，它以良好的自由度、功能性和运动感赢得了大众的青睐。采用简洁、活泼、具有运动感的款式，色彩多用白、粉彩色，高纯度的红、黄、蓝、绿，加强色彩间的对比度，形成明丽、轻快的色调。

7. 骑士风格

追求个性以及豪放帅气的服饰效果。有的衣服带一点军装的味道，早在15世纪就出现了带有军旅元素的时装。骑士风格发展到今天，已经成为流行服装不可分割的一部分，每个时代的服装设计师都不可避免地从军服中汲取灵感，使之融入自己的设计中。骑士风格的服装剪裁一般比较简洁，直线型的款式，板型风格硬朗，带有明显的军装细节，如肩章、数字编号、迷彩印花、腰带、背带及制作精致的纽扣装饰等。讲究实用，注重功能性，尽显潇洒的阳刚之美。今天的骑士风格不同以

图5-13　田园风格配色

图5-14　以田园风格为
基调的服装色彩设计

往的绿色兵营，趋向多元化，不再只是以硬朗的廓型为元素，而是运用柔和的色彩和腰线的挪移，并结合刺绣、格子以及中性化细节设计。骑士风格的服装在面料上多采用质地硬而挺的织物，如水洗的牛仔布、水洗棉、卡其、灯芯绒、薄呢面料、皮革等，衣摆、裤口为毛边或被条状；军绿、土黄色、咖啡色、迷彩、灰、海军蓝、黑等中性的色彩是最为常用颜色；配合金属扣装饰物、多拉链、多排扣、多袋口及粗腰带，让人觉得帅气逼人。有的衣服颇具嬉皮士着装风格，不修边幅（图5-15）。

8. 前卫风格

由于现代艺术家竭力追求表现自我的打破传统风格，从而出现了各种流派，前卫风格就是对立体派、未来派、波普艺术（该艺术是20世纪50年代初在美国流行的一种艺术形式，针对抽象表

现主义脱离生活的作法，提倡艺术必须回到日常生活中去，强调艺术的价值存在于任何平凡的事物之中，以游戏的心态为原则，非理性，非和谐，以丑为美）等现代艺术诸流派的总称，源于20世纪初，以否定传统、标新立异、创作前人所未有的艺术形式为主要特征。如果说古典风格是脱俗求雅的，那么前卫风格则是有异于世俗而追求新奇的，它表现出一种对传统观念的叛逆与创新精神，对经典美学标准做突破性探索而寻求新方向的这类服装总是处于流行的前列，穿此服装的人有被看作另类的感觉，它是服装流行的晴雨表。当一种流行形成了风潮时即放弃它们而另择新的表现方法，所以此风格没有固定的形式。但给人总的感觉是新奇、时髦、怪异。20世纪90年代以来，流行服装上的前卫风格，分别演绎了从50年代70年代以来的表现风格，前卫的街头文化，即

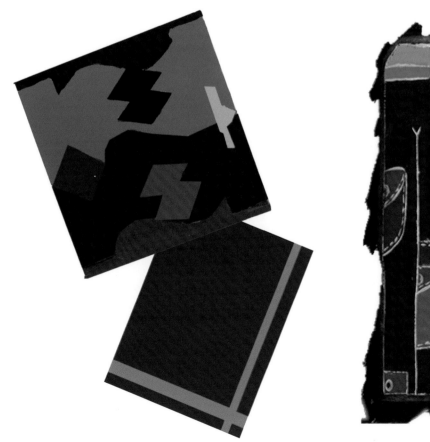

图5-15　骑士风格配色

表现为50年代的"垮掉的一代"，60年代的"嬉皮士"，70年代的"朋克"，80年代的"雅皮士"，直到90年代的"X一族"。前卫的服饰风格成为他们反叛的一种精神象征。

9. 未来主义风格

20世纪90年代初，人们在展望新世纪时，用前瞻的视野，利用现代高科技的手段，如透明的塑胶、光亮的漆皮，在流行舞台上创造了一个令人不可思议的未来世界，表现了对未来的无限畅想。未来主义（发源于20世纪的意大利，在反传统和革新艺术的旗帜下，以叛逆、无畏的精神打碎一切既定的偶像，颂扬运动、速度、力量和机械技术）的设计特点是反传统，但又缺少了嬉皮服装的燥热感，被人们谓之为"宁静的梦"，色彩单纯统一，多以银、白两色为主调，富有一种纯

净感，使人们在惊异之余，体会设计师那种宁静和淡泊的心境。

10. 其他

随着社会的发展，人们生活水平的提高，越来越多的服装风格特征出现在时尚的舞台，例如：嬉皮风格、瑞丽风格、波西米亚风格、洛丽塔风格、通勤风格、简约风格等，都以其独特的色彩及款式特征，丰富了人们的个性选择。风格的多元化是当代设计与审美的一个显著特点，服饰艺术既要从自然界、从历史和传统中去寻找温馨的人情味，又要借助现代高科技的手段，用前瞻的视野，表现对未来世界的无限畅想。作为现代服饰艺术的诠释者，只有对多种的审美意向持有高度的敏感性，才能使创作既令人惊喜又耐人寻味的作品。

第五节 系列服装色彩设计

一、服装色彩的系列设计

系列，在《汉语词典》中解释为"相关联的成组成套的事物"。系列设计，是指在造型活动中，用相关或相近元素去完成成组成套的方案的方法。产品的系列化，一方面能体现品种的丰富多样，满足现代化社会人们多方面的需求；另一方面也容易在人的视觉和心理上留下强烈的印象，并带来秩序而和谐的美感。如现代住宅建筑、公共设施、家具、商品包装、服装、封面、餐具等的设计都在推崇系列感。系列设计在各方面表现出的优越性，使它在现代设计中占有重要的一席之地。

服装，这一大众化的艺术，其设计越来越

新颖，越来越奇特。在诸多的设计手段中，系列设计被认为是最为普及、效果最好的设计方法。纵观世界著名服装设计家的作品，例如：伊夫·圣·罗朗、卡尔·拉格菲尔德、詹尼·范思哲、乔治·阿玛尼等，他们通过一组组独具匠心的系列服装展示，将自己强烈的创作意图以及对艺术孜孜不倦的追求表达得淋漓尽致。这种系列作品在大众中所产生的反响是其他设计方法所不及的。在服装设计中，这种运用总体的意义，在其中体现某种相同或相似形、结构、色、质、量，并按一定程序使之反复或连续出现的方法，称为服装的系列设计。如飘逸的女装系列，刚毅的男装系列，欢快的童装系列，充满情意的男女装系列，标志母女或父子的亲子系列，内外

装的配套系列，春、夏、秋、冬四季的服装系列，红色服装系列，皮衣系列，印花衣裙系列以及以体现某一情趣和风格而命名的服装系列。在这些服装系列的设计中，运用色彩的力量，以相同、近似、渐变、反复、增减、强调、情调等配置手段达成的服装系列，应看作是服装色彩的系列设计（图5-16~图5-18）。

二、基本方法

1. 相同色彩的设计

这是最为简单的系列色彩的设计方法。在一组的服装中，不同款式、不同结构、不同材料，但求配色相同。

2. 近似色彩的设计

近似色彩的系列要比相同色彩的系列稍富

于变化。近似色彩指某一色相中那些稍深、稍浅、稍冷、稍暖的色彩，如绿色中的浅绿、粉绿、草绿、中绿、橄榄绿、翠绿、墨绿等。这类系列的服装装式要相同，在款式结构和材料上可进行变化。

3. 渐变色彩的设计

方法之一是服装的装式、款式、结构、面料相同，在色彩上通过明度的渐变（如深红到浅红）、两个色相的渐变（如蓝与红，中间色阶为蓝紫、紫、红紫）、全色相的渐变、补色渐变（如黄、黄紫、紫黄、紫）、纯度渐变（如绿、绿灰、灰绿、灰）来达到的系列；方法之二是服装的装式、面料相同，在款式的外形上、内部的结构上、色彩的效果上同时进行渐变达成的系列。

4. 重复色彩的设计

重复色彩的系列设计有两种：一是以一个

图5-16　服装色彩的系列设计　黄镜润作品

图5-17 服装色彩的系列设计 崔世斌作品

颜色不断地出现在装式、款式、面料相同的或者是装式和面料相同、款式结构各异的整组服装的每一套衣服上，但与之对比的色彩关系都不相同，如浅灰色与粉红、浅灰色与黄、浅灰色与浅绿等；二是在限定的几套配色中，每套服装可随着款式结构的变化进行颜色互换，即便是相同的款式和结构，只要变换色彩的位置与面积，就会出现丰富的系列视觉效果。

5. 增减色彩的设计

增减色彩指的是色彩量的大小与多少。在一组服装中，一个颜色可伴随着款式结构的变化从小面积逐步扩展到大面积，而另一个颜色此时也正在一点点减少。

6. 强调色彩的设计

强调色彩往往是小面积的，在服装上常常体现在部位装饰和配件当中。比如在一组款式结构大致相同的服装中，用同一个色或同样的几个色进行装饰部位的变化。此类多在童装、毛衫、针织服装、运动服、礼服中的挑、补、绣、手绘、浆印、扎染、拼色、镶嵌等工艺中看到；或不同款式结构的几套衣裙配上同样款式或不同款式但一定要同样色彩的腰带或帽子，都能形成好的系列感。

7. 情调色彩的设计

情调色彩指的是色彩气氛与风格。尽管一组服装的款式、结构、面料、色彩是不同的，但同样的装式和特定气氛的色彩情调同样能形成系列感，如温馨优雅的高短调系列，拙朴粗犷的西部黄土、沙漠系列。系列的装式要基本相同，其款式结构的变化幅度可以大一些，因为情调色彩的包容量也是比较大的。

总之，服装中要想通过色彩达成系列，其关键应使色彩要意更接近，更趋于统一，变化中要有规律可寻。只有这样，色彩语言在系列服装中才能显示出魅力。

图5-18 服装色彩的系列设计 王建明作品

Chapter 6

第六章　流行色与服装色彩

第一节　流行色的概念与成因

一、流行色的概念

流行色的英文名称是 "fashion color"，意为合乎时代风尚的色彩，即 "时髦色"。也有的称为 "fresh living color"，意思是新颖的生活用色，合乎时代风尚的色彩。流行色是在一定时期和地区内，产品中特别受到消费者普遍欢迎的几种或几组色彩和色调，成为风靡一时的主销色。

流行色根据其所流行的地域范围分为国际流行色和区域性流行色。国际流行色是经国际流行色委员会研究通过向世界发布的。服装的流行趋势和流行色是指有主题、有灵感的一种服饰风格的艺术形态（造型和色彩）的走向。它会成为风靡一时的主销色，在纺织、服装、食品、家居装饰、轻工、建筑等产品中反映出来。反映最敏感、最典型、最为普及的首先是服装和纺织产品，因为这类产品的流行周期最短，变化最快。本着对市场消费者负责的态度，专家提出了明确的色彩理念：流行色预测就是为服装消费者找到区别于以往的新鲜色彩感。

二、流行色产生原因

人们总是喜欢变化与新奇。一个颜色再漂亮但看久了也会感到疲劳，只要换一个色就会感到新鲜。就像人吃饭常常要改变一下口味一样。另外，人还有种模仿的本性，这就为流行色的产生创造了条件。色彩的流行有以下几方面的原因：电视、杂志、报纸的宣传；对影、视、歌、体育明星的崇拜；国外的流行；商家、流行色组织的预测；新材料的出现；国家、政治、经济、科技和重大团体活动的影响。

1. 自我个性的展示

简单的说，个性就是一个人的整体精神面貌，即具有一定倾向性的心理特征的总和，是一个人共性中所凸显出的一部分。个性就是个别性、个人性，就是一个人在思想、性格、品质、意志、情感、态度等方面不同于其他人的特质，这个特质表现于外就是他的言语方式、行为方式和情感方式等，任何人都是有个性的，也只能是一种个性化的存在，个性化是人的存在方式。突出自我的本性，这是一种不自觉的表现。比如，一个人在孩童时，就有这种表现。许多小孩，在家里来了客人时，显得异常兴奋，不停地穿梭于大人之间，发出嬉笑与尖叫声，以期引起大人的注意。随着年龄的增长在多种场合人的行为都趋向含蓄，但潜在的突出自己的本能欲望，却随着青春期的到来，更加强烈。

2. 崇拜与模仿

年龄的增长使人性中对特定人物的崇敬、崇拜，进而模仿或顺应大多数人的趋向加强，这种模仿与顺应，使人们在无意识中满足了自己的欲望，感到与特定人物（明星、名人等）处于同等环境中这种倾向，少年比儿童强，青年比成年人强。最终体现出一种所谓的群众心理反应，进而形成流行的时代性现象。流行虽然是由于自我突出和模仿两方面的心理因素在起作用，但是真正流行的出现应按模仿人数的多少而定。就服装和色彩而言，当它形成一种倾向而流于大众化时，才能出现流行现象。其实，人类本来就在追求变化与新奇中前进，但作为社会化的人，自然又有顺从大倾向的一方面。流行色就是由人类的这一个性而产生的。生活在同一社会环境中的人类自然地在某一时期趋同于某些特定色彩，而产生好感；或者为了使自己为同类所接而接受他人所推崇的色彩，这就是流行色产生的坚实基础。

（三）科技进步与发展

在人类发展史上，每一项重大科技发明都会波及到人类生活的方方面面。20世纪50年代后期，前苏联地球卫星升空成功，开启了现代宇宙空间探索的新高潮，而直接体现在服装色彩上的是宇宙色的流行。这是一组中明度的含灰色。它的含混、迷蒙，体现的是那个时代人们对太空的理解。20世纪60年代前期，我国染化料生产取得了突破性的发展，这一时期士林颜料系列灰问世；同期，我国纺织行业新产品试制成功——涤卡布上市。两项生产成果相结合，在我国当时的经济条件下，无疑为民众的衣着开拓出一片新天地——衣料结实、颜色漂亮、沉稳，所以灰色涤卡布很快风靡全国。

第二节　流行色的趋势预测与表述

一、流行色的预测

1. 预测的方式

目前国际上流行色的预测方法有两种。一是日本式，即广泛调查市场动态，分析消费层次，进行科学统计浏算方法。日本的调查研究工作非常科学而细致，往往要以几万人次的色彩数据为依据，十分重视调查者的反映。二是西欧式，即凭法国、德国、意大利、荷兰、英国等国家专家们的直觉判断来选择下一年度的流行色。他们认为消费者的欲求是包含在专家之中的，这些专家都是常年参与流行色预测的专家，掌握多种情报，有较高的色彩修养，有着较强的直觉判断力。一位法国流行色专家说："预测前是没有规律的，预测后才知是有规律的"，说明预测前专家们并不被已知规律所束缚。

日本式预测是在调查的基础上，力图通过统计、分析来把握未来的趋势。但这种调查或统计毕竟只能反映过去的情况，而事物的发展总是动态的，五彩缤纷的色彩现象犹如无数矛盾的交织体，流行色的演变不一定按照人们所推断的常规趋势去发展。这种方法只对预测流行色有着补充作用。实践证明，直觉预测法是流行色预测最基本的方法。因为人们认知事物的过程中许多时候是要依靠直觉的，何况色彩，它的认知应该更需要依赖于直觉。当这些训练有素、有着较高配色水平的色彩专家提出个人喜爱的色彩时，其消费者的爱好实际上已包含在他的整个构思之中了。

2. 预测的依据

流行色预测的依据大体有三个方面：社会调查、生活源泉、演变规律。

（1）社会调查

流行色本身就是一种社会现象，研究分析社会各阶层的喜好倾向、心理状态、传统基础和发展趋势等是预测和发布流行色的一个重要群众基础。

（2）生活源泉

生活源泉包括生活本身、自然环境、传统文化,玻璃色、水色、大理石色、烟灰色、薄荷色、唐三彩色等流行色色名,都很富感性特征。

（3）演变规律

从演变规律看,流行色的发展过程有三种趋向:一是延续性,即流行色在一种色相的基调上或在同类色范围发生明度、纯度的变化;二是突变性,即一种流行的颜色向它的反方向补色或对比色发展;三是周期性,即某种色彩每隔一定期间又重新流行。流行色的变化周期包括四个阶段,一般分为始发期、上升期、高潮期、消退期。整个周期过程大致为7年,也就是说,一个色彩的流行过程为3年,过后取代它的流行色往往是它的补色。两个起伏为6年,再加上中间交替过渡期1年,正好7年一个周期。

二、流行色的发布

国际流行色委员会每年召开两次色彩专家会议,一次在2月份,另一次在7月份。其具体步骤为:首先由各国代表介绍本国推出的今后18个月后的流行色并展示色卡;经全体讨论选出一个大家均认可的色彩提案为蓝本,各代表再加以补充、调整,推荐出的色彩只要半数以上代表表决通过才能入选;然后,对色彩进行分组、排列;经反复研究磋商,新的国际流行色就此产生。为保证流行色发布的正确性,大会通常当场向各会员国代表分发新标准色卡,供回国复制、使用。

会员国享有获得第一手资料的优先权,但在半年之内被限制将该色卡在书刊、杂志上公开发表。

为了便于人们理解和接受流行色,流行色卡的发布内容包含主题词、彩色图片及色组三部分。

1. 主题词

主题词是流行色卡每一色组灵感来源的说明,其文字要求简洁明了,生动准确,通俗易懂。

如沙漠色,冰激凌色等。

2. 彩色图片

配合主题词而选用的彩色图片,用以形象地诠释流行色组的灵感。

3. 色组

色组是流行色的主要组成部分。

二、流行色色卡

国际流行色委员会每次预报和发布的春夏季或秋冬季流行色一般有男装色谱、女装色谱和总谱。流行色不是一般人所认为的只是一两种色,也不是单独的几个色相,而是由几个色相的多种色彩组成的带有倾向性的好几种色调,以适应多方面的需要,一个色谱通常在20~30种颜色。分析每种色卡,大致都可分成若干色组:时髦色组,其中包括即将流行的色彩(始发色),正在流行的色彩(高潮色),即将过时的色彩(消退色)。这些给整个流行色以新的意境,是流行的主色调;点缀色组,一般都比较鲜艳,而且往往是时置色的补色,它只在整个色彩组合中起局部的、小面积的点缀作用;基础、常用色组,以无彩色及各种色彩倾向的含灰色为主加上少量常用色彩。基本色是适应面最广的流行色。另外,色卡上的文字说明会有助于进一步理解、认识流行色。

四、流行色机构

较早出现流行色彩研究机构的基本是欧美一些发达国家。例如英国色彩协会(Brtish color council),总部设在伦敦,每年春夏和秋冬发行两次季节性的色彩;许多国家的制造商以此色彩为预测商品色彩变化的根据。在20世纪四五十年代,其影响力较大。

其他,还有美国的纺织品色彩协会(Textile color Association)、法国的官方色彩发布机构和德国流行色研究机构。德国、法国色彩研究机构的不同处在于：法国是官方（或说是政府）发布流行色，而德国则是从各染料公司发布的季节色中再精选出较具权威性的流行色卡。真正跨国性的流行色组织出现在20世纪60年代。

1. 国际流行色组织

"国际流行色委员会"是国际上最具权威性的、组织比较庞大的研究和发布流行色的团体，其全称为"国际时装纺织品流行色委员会"（International Commission for Colour in Fashion and Texitieles），简称"International Colour"。总会设在巴黎。这个组织的发起人是法国、德国和日本，成立于1963年9月9日。协会现有成员大都是欧洲国家，亚洲只有日本和中国。我国于1982年7月以观察员名义参加，1983年2月以中国丝绸流行色协会名义正式加入了国际流行色委员会。

国际流行色协会除正式成员国以外，另外还有一些以观察员身份参加的组织，如国际羊毛局、国际棉业研究所、拜耳纤维集团、康太斯公司等。该协会每年2月和7月各举行年会一次。各成员国可有2名专家代表出席，预测并发布18个月后的国际流行色。

2. 我国流行色组织

我国第一个流行色组织是"中国丝绸流行色协会"，它曾于1982年2月15日在上海召开了全国第一届会员代表大会，正式宣布其成立，并于1983年2月正式被批准为国际流行色委员会会员。1985年10月1日改称"中国流行色协会"，协会总部设在上海。中国流行色协会是全国性的色彩学术研究团体，其主要任务是研究色彩的演变规律，发布色彩的流行预报，分析产品的流行趋向，加强与国际联系和交流活动。协会每年召开两次年会，预测、发布春夏及秋冬两期流行色卡。

思考题与配色练习 ▶▶▶

1. 谈谈你对服装色彩与服装色彩设计的理解。
2. 谈谈你对服装色彩独特性的理解。
3. 服装色彩的象征性从哪些方面体现出来?
4. 谈谈你对服装色彩民族性的理解。
5. 服装色彩设计的灵感启发来自哪些途径?
6. 我们怎样根据主题来进行服装色彩设计?
7. 服装色彩的配色原理有哪些?
8. 服装有几种主要风格? 每一种风格我们应怎样进行配色? 谈谈你的创意。
9. 色相环的绘制。
10. 明度序列、纯度序列的绘制。
11. 色彩的明度对比练习。
12. 色彩的纯度对比练习。
13. 色彩色相的对比练习。
14. 色彩的空间混合练习。
15. 寻找相关图片(动物、植物、建筑、绘画、民间工艺品等),运用采集与重构的方法做一张服装色彩灵感启发的作业。
16. 寻找一些面料小样,相据不同材质的色彩感觉做一幅特点突出的配色。
17. 根据当年的流行色作一张服装色彩设计练习。
18. 首先深入市场做一些流行趋势的调查,根据调研的综合结果预测流行色。
19. 基于色彩心理感觉的配色练习。
20. 色彩的采集与重构。
21. 服装风格的色彩配色。

参考文献 ▶▶▶

[1] 黄元庆.服装色彩学.北京:中国纺织出版社,2004.
[2] 贾京生.服装色彩.北京:高等教育出版社,1999.
[3] 张殊琳.服装色彩.北京:高等教育出版社,2009
[4] 张玉祥.色彩构成—造型设计基础(修订版)北京:中国轻工业出版社,2004.
[5] [法]罗伯特·杜歇.风格的特征.司徒双译.上海:三联书店,2003.
[6] 黄元庆.服装色彩学.北京:中国纺织出版社,2010.
[7] 千村典生.服装的色彩(二版)中国台北:大陆书店,1975.
[8] 张荆芬.色彩构成.北京:《美术家通讯》编辑部,1985
[9] 约翰内斯.色彩艺术.上海:上海人民美术出版社,1985.
[10] 吴永著.探索流行色彩的奥秘.北京:轻工业出版社,1986.
[11] 白文明,朱景辉.色彩摄影与美术设计.沈阳:辽宁美术出版社,1987.
[12] 欧秀明,赖来洋.实用色彩学(六版).雄狮图书公司,1986.
[13] 李当歧.服装学概论.北京:高等教育出版社,1990.
[14] 德瑞克.希利.色彩与生活:学苑出版社,1989.
[15] 流行色.中国流行色协会,1994年第3期、1987年第1期.
[16] 大智浩.设计的色彩计划(九版).中国台北:大陆书店,1985.
[17] 蔡作意.国际流行色研究.杭州:浙江美术学院出版社,1989.
[18] 曾凡恕,曾耀著.中国艺术美学散论.郑州:河南人民出版社,1992.
[19] 李浴.西方美术史纲.沈阳:辽宁美术出版社,1980.
[20] 华梅.中国服装史.天津:天津人民美术出版社,1989.
[21] 黄元庆.服装色彩学(二版).北京:中国纺织出版社,1997.